AI短视频创作

119招

智能脚本+素材生成+
文生视频+图生视频+剪辑优化

AIGC文画学院 编著

化学工业出版社

·北京·

U0236393

内 容 简 介

全书通过119个实用技巧讲解+119集教学视频演示+70多个AI指令+80多个素材资源+100多个回复和效果文件+120多页PPT教学课件+530多张图片素材，从"智能脚本+素材生成+文生视频+图生视频+剪辑优化"这5个方面，帮助小白快速成为AI短视频创作高手！

本书具体内容包括：10个AI写作工具的使用技巧、18个短视频内容的生成技巧、8个AI绘画平台的使用技巧、11个AI生图指令和功能的使用技巧、10个AI文生视频的方法和步骤、6种AI图生视频的方法和步骤、6个AI短视频剪辑功能与7个AI字幕和音频功能，以及图书宣传AI短视频《本书概况》、电商AI短视频《头戴式耳机》、人生哲理AI短视频《智慧小和尚》、教育科普AI短视频《城市桥梁》的创作全流程。

本书适合以下人群阅读：一是短视频创作者、自媒体博主；二是广告、营销行业的工作者；三是电商商家、新媒体编辑、短视频编导和艺术工作者等。同时还可以作为相关培训机构、职业院校的参考教材。

图书在版编目（CIP）数据

AI短视频创作119招：智能脚本+素材生成+文生视频+图生视频+剪辑优化 / AIGC文画学院编著. —北京：化学工业出版社，2024.9（2025.4重印）

ISBN 978-7-122-45650-2

Ⅰ.①A… Ⅱ.①A… Ⅲ.①人工智能—应用—视频制作

Ⅳ.①TN948.4-39

中国国家版本馆CIP数据核字（2024）第096836号

责任编辑：李　辰　孙　炜　　　　　　封面设计：异一设计
责任校对：张茜越　　　　　　　　　　装帧设计：盟诺文化

出版发行：化学工业出版社（北京市东城区青年湖南街13号　邮政编码100011）
印　　装：天津裕同印刷有限公司
710mm×1000mm　1/16　印张13¼　字数268千字　2025年4月北京第1版第2次印刷

购书咨询：010-64518888　　　　　　　售后服务：010-64518899
网　　址：http://www.cip.com.cn
凡购买本书，如有缺损质量问题，本社销售中心负责调换。

定　　价：79.80元

前　言

本书由浅入深讨了AI技术在短视频创作中的应用，通过12个精心设计的章节，引导读者逐步掌握从基础到高级的AI短视频创作技巧。

第1章深入介绍了10个AI写作工具，旨在帮助读者快速掌握智能脚本的基本用法和创作要领。第2章则聚焦于18个短视频内容生成技巧，涵盖智能创作脚本的构思与实现。第3章和第4章分别针对AI绘画平台和AI生图指令进行了详细讲解，分别提供了8个和11个实用技巧，助力读者在视觉素材创作上游刃有余。

在第5章和第6章分别通过10个和6个具体的方法和步骤，阐述了如何将文字转化为视频内容和如何让静态图片动起来，进一步拓宽了短视频创作的边界。第7章和第8章则聚焦于提高AI短视频剪辑效率和丰富视频内容的AI字幕及音频功能，分别提供了6个和7个高效的技巧和策略。

最后4章，通过4个实战案例——《本书概况》《头戴式耳机》《智慧小和尚》和《城市桥梁》，全面展示了AI短视频创作在图书宣传、电商、人生哲理和教育科普领域的应用全流程。这些案例不仅提供了实际操作的步骤，还深入探讨了如何将创意转化为引人入胜的短视频内容。

◎ 本书特色

① 140多分钟的视频演示：本书中的软件操作技能实例，全部录制了带语音讲解的视频，时间长度达140多分钟，重现书中所有实例操作，读者可以结合本书，也可以独立观看视频演示，像看电影一样进行学习，让学习更加轻松。

② 530多张图片全程图解：本书采用了530多张图片对AI短视频的创作过程进行了全程式的图解，通过这些大量清晰的图片，让实例的内容变得更通俗易懂，读者可以一目了然，快速领会，举一反三，提升短视频的创作效率。

③ 119个干货技巧奉献：本书通过全面讲解AI短视频创作的方法，包括智能脚本、素材生成、文生视频、图生视频和剪辑优化，帮助读者从新手入门到精通，让学习更高效。

④ 70多组关键指令奉送：为了方便读者快速掌握创作技巧，特将本书实例

中用到的指令进行了整理，统一奉送给大家。大家可以直接使用这些指令，体验AI短视频的创作乐趣。

⑤ 190多个素材、回复与效果奉献：随书附送的资源中包含本书中用到的素材文件、获得的回复文档和效果。这些素材、回复和效果可供读者自由使用、查看，帮助读者快速提升AI生成工具的操作熟练度，顺利地完成短视频创作。

◎ 版本说明

本书涉及了各大软件和工具，ChatGPT为3.5版、文心一言为基于文心大模型3.5的V2.5.3版、Midjourney为V4、V5.2与V6.0版、剪映电脑版为5.3.0版、剪映App为13.0.0版、快影App为V6.30.0.630003版。虽然在编写本书的过程中，是根据界面截的实际操作图片，但书从编辑到出版需要一段时间，在此期间，这些工具的功能和界面可能会有变动，请在阅读时，根据书中的思路，举一反三，进行学习。

还需要注意的是，即使是相同的指令，AI生成工具每次生成的回复和效果也会存在差别，因此在扫码观看教程时，读者应把更多的精力放在指令的编写和实际操作的步骤上。

◎ 资源获取

如果读者需要获取书中案例的素材、效果、视频和课件，请使用微信"扫一扫"功能按需扫描下列的二维码，或查看本书封底信息按步骤下载。

QQ读者群

教学视频样例

◎ 编写售后

本书由AIGC文画学院编著，参与编写的人员还有李玲，在此表示感谢。

由于编写人员知识水平有限，书中难免有疏漏之处，恳请广大读者批评、指正，联系微信：2633228153。

目　录

第1章

10个AI写作工具的使用技巧，掌握基本用法

如何又快又好地创作出短视频？最简单的方法之一就是运用人工智能（Artificial Intelligence，AI）生成脚本文案。不过，在正式使用AI生成文案之前，用户需要掌握AI写作工具的使用技巧，为后续的生成打好基础。

1.1　5 个 ChatGPT 的入门技巧

在ChatGPT平台中，用户可以通过相应的指令让ChatGPT生成所需的文案，然后再将文案复制出来，或修改，或使用，从而达到利用AI生成文案的目的。本节将为大家介绍5个ChatGPT的入门技巧。

001　指令的输入和发送

扫码看教学视频

登录ChatGPT后，将会打开ChatGPT的聊天窗口，此时即可开始进行对话，用户可以输入并发送任何问题或话题，ChatGPT将尝试回答并提供与主题有关的信息。下面介绍具体的操作方法。

步骤 01 登录并进入ChatGPT后，会自动创建一个新的聊天窗口。单击底部的输入框，在输入框中输入"我想制作一个主题为年货零食分享的短视频，请为我提供10个短视频标题文案"，如图1-1所示。

图 1-1　输入相应的指令

步骤 02 单击输入框右侧的Send message（发送信息）按钮↑或按【Enter】键，发送指令，随后ChatGPT即可根据要求生成相应的标题文案，如图1-2所示。

希望这些标题能够激发你的灵感，制作出精彩的年货零食分享短视频！

图 1-2　ChatGPT 生成相应的标题文案

★ 专家提醒 ★

由于 ChatGPT 一般都是以逐字输出的方式来生成文案的，如果用户对当前生成的文案存疑，可以在生成的过程中单击输入框右侧的◉按钮，让 ChatGPT 停止生成，如图 1-3 所示。

图 1-3　单击相应的按钮

生成文案后，如果用户对比不满意，可以单击文案下方的 Regenerate（重新生成）按钮⟲，如图 1-4 所示，让它重新生成文案。

图 1-4　单击 Regenerate 按钮

002 复制回复的方法

当用户需要复制ChatGPT生成的回复时，可以通过选择内容的方式进行复制，也可以单击ChatGPT自带的Copy（复制）按钮 📋，将回复粘贴到任意文档中，进行修改和保存，具体操作如下。

步骤 01 打开ChatGPT的聊天窗口，在输入框中输入"请构思3个与过年穿搭有关的短视频选题"，按【Enter】键发送，获得ChatGPT给出的选题策划，选择这些选题策划，单击鼠标右键，在弹出的快捷菜单中选择"复制"命令，如图1-5所示，即可复制ChatGPT提供的选题策划。

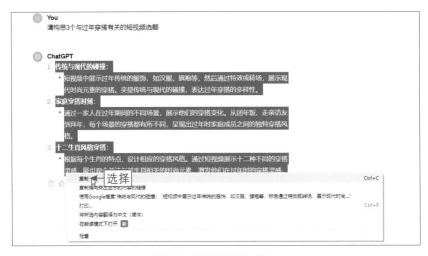

图 1-5　选择"复制"命令

步骤 02 另外，在ChatGPT回复的下方单击Copy按钮 📋，如图1-6所示，也可以进行复制。

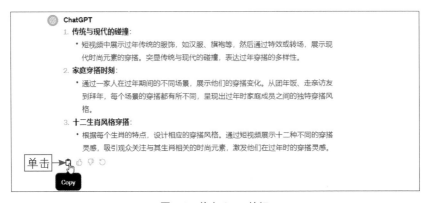

图 1-6　单击 Copy 按钮

★ 专家提醒 ★

　　两种复制回复的方法各有优缺点，用户选择自己喜欢的一种即可。例如，通过选择内容进行复制时，无法复制序号，并且在粘贴时可能会保留 ChatGPT 的格式；而通过 Copy 按钮📄复制内容，虽然可以复制序号，但在粘贴时可能会出现多余的 * 号。

003　指令的换行输入

扫码看教学视频

　　在 ChatGPT 的输入框中输入指令时，可以对其进行分段、换行处理，具体操作方法如下。

步骤 01 打开 ChatGPT 的聊天窗口，在输入框中输入第 1 行指令"请根据以下要求生成一篇短视频文案"，如图 1-7 所示。

图 1-7　输入第 1 行指令

步骤 02 按【Shift＋Enter】组合键即可换行，输入第 2 行指令"要求：主题为女生春节聚会的活动推荐，不超过 300 字"，如图 1-8 所示，给 ChatGPT 提供完整的指令，让其生成更多的用户所需的答案。

图 1-8　输入第 2 行指令

步骤 03 按【Enter】键发送，ChatGPT 即可根据要求生成短视频文案，如图 1-9 所示。

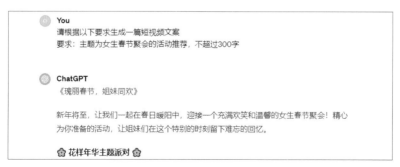

图 1-9

在如诗如画的花海中，感受花样年华的美好。精致的花艺装饰，梦幻的氛围，为姐妹们打造一个别开生面的派对，让欢笑在花海中绽放。

💄 **时尚美妆工作坊** 💄
学习专业的化妆技巧，与好友一同体验时尚的美妆世界。挑战各种妆容，释放女性魅力，让每一位姐妹都成为派对的焦点。

🎨 **创意手工DIY角落** 🎨
在这里，姐妹可以一展手工艺术的天赋，共同制作独一无二的春节装饰品。创意无限，快乐满溢，让手工艺术成为友谊的象征。

🎤 **卡拉OK派对** 🎤
释放音乐的魔力，大家一起沉浸在音乐的海洋中。点燃激情，挑战高音，用歌声串联起姐妹们之间深厚的情感，留下美好的音符回忆。

在这个春节，让我们携手共度美好时光，分享欢笑与温馨。姐妹同欢，瑰丽春节，让这个独特的聚会成为我们心中永恒的记忆！ 💗

图 1-9　ChatGPT 生成短视频文案

★ 专家提醒 ★

DIY 的英文为 Do It Yourself，指自己动手制作。

004　指令的改写

扫码看教学视频

当用户对ChatGPT生成的回复不满意，或者发现发送的指令有误时，可以对已发送的指令进行改写，具体操作如下。

步骤 01 在上一个例子的聊天窗口中，单击已发送的指令下方的 ✏ 按钮，如图1-10所示。

图 1-10　单击相应的按钮

步骤 02 执行操作后，指令呈可编辑状态，将指令改写为"请根据以下要求生成一篇口播短视频文案（另起一行）要求：主题为女生春节聚会的活动推荐，不超过400字"，单击Save & Submit（保存并提交）按钮，如图1-11所示。

图 1-11　单击 Save & Submit 按钮

步骤 03　执行操作后，ChatGPT即可根据指令重新生成文案，如图1-12所示。

> **You**
> 请根据以下要求生成一篇口播短视频文案
> 要求：主题为女生春节聚会的活动推荐，不超过400字
> ‹ 2 / 2 ›
>
> **ChatGPT**
> 在这个春节，让女生们的聚会变得更加精彩有趣吧！🎉✨
>
> 📢 场地推荐：选择一个温馨又有趣的场地，比如可爱的主题咖啡厅或者文艺茶馆，打造一个轻松自在的氛围。
>
> 🍴 美食分享：准备一桌美味的春节小吃，包括传统的年糕、饺子，还可以尝试一些创意的新年美食，满足大家的味蕾。
>
> 💄 美妆Party：邀请专业化妆师，为大家提供精致的春节妆容，让每个女生都在活动中焕发自信光彩。
>
> 🎨 DIY手工：举办一场创意手工DIY活动，大家可以一起制作自己的福袋、对联或者新年装饰，增添节日氛围。
>
> 🎵 音乐串烧：准备一份精选的春节歌单，欢快的音乐让整个活动更加热闹，大家可以一起跳起欢快的舞蹈。
>
> 📷 美拍时刻：设置一个精致的拍照区域，为大家提供美美的道具，记录下每个瞬间的美好。
>
> 🎁 送福利品：为每位参与的女生准备一份小礼物，可以是精美的小饰品、护肤品或者有趣的文具，让大家感受到浓浓的新年祝福。
>
> 这个春节，让女生们一起欢笑、分享、感受温馨，创造出属于她们的特别时光！🖤 #女生春节聚会# #新年活动推荐# #共度美好时光#
>
> 🗂 👍 👎 🔄

图 1-12　重新生成文案

★ 专 家 提 醒 ★

　　当 AI 重新生成文案后，用户可以单击指令下方的 ‹ 2/2 › 按钮，切换查看之前的指令与文案。

005　聊天窗口的管理

在ChatGPT中，用户每次登录账号后都会默认进入一个新的聊天窗口，而之前建立的聊天窗口则会自动保存在左侧的聊天窗口列表中，用户可以根据需要对聊天窗口进行管理，包括新建、重命名、分享及删除等。

通过管理ChatGPT的聊天窗口，用户可以熟悉ChatGPT平台的相关操作，也可以更有序、高效地让ChatGPT为我们所用。下面介绍具体的操作方法。

步骤 01 在上一例的聊天窗口中，单击页面左上角的New chat（新建聊天窗口）按钮，如图1-13所示。

图 1-13　单击 New chat 按钮

步骤 02 执行操作后，即可新建一个聊天窗口，在输入框中输入"请以'上班族备菜技巧'为主题，生成一篇短视频文案，技巧要简单且实用"，如图1-14所示。

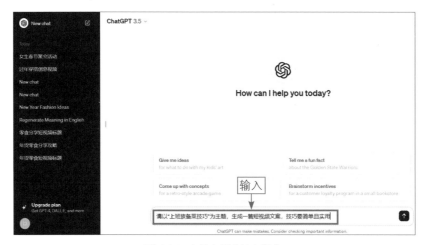

图 1-14　在输入框中输入指令

步骤 03 按【Enter】键发送，即可在新的聊天窗口中获得ChatGPT生成的短视频文案，如图1-15所示。

图 1-15　ChatGPT 生成的短视频文案

步骤 04　在左侧的聊天窗口列表中，单击当前聊天窗口右侧的 More（更多）按钮，如图 1-16 所示。

步骤 05　在弹出的列表中选择 Rename（重命名）选项，如图 1-17 所示。

图 1-16　单击 More 按钮

图 1-17　选择 Rename 选项

步骤06 执行操作后，会显示名称编辑文本框，在文本框中可以修改聊天窗口的名称，如图1-18所示。

步骤07 按【Enter】键确认，即可完成聊天窗口的重命名操作，如图1-19所示。

图 1-18　修改聊天窗口的名称　　　　图 1-19　完成聊天窗口的重命名操作

步骤08 继续单击More按钮…，在弹出的列表中选择Share（分享）选项，如图1-20所示。

步骤09 执行操作后，弹出Share link to Chat（分享聊天链接）对话框，单击Copy Link（复制链接）按钮，如图1-21所示，获得分享的链接，将链接发送给好友，待好友打开后即可查看聊天内容。

图 1-20　选择 Share 选项

图 1-21　单击 Copy Link 按钮

步骤10 单击More按钮…，在弹出的列表中选择Delete chat（删除聊天记录）选项，弹出Delete chat?（删除聊天记录）对话框，如图1-22所示。如果确认删除聊天记录,则单击 Delete(删除)按钮;如果不想删除聊天记录,则单击 Cancel(取消)按钮。

图 1-22   弹出 Delete chat?对话框

★ 专家提醒 ★

　　如果用户想更专注地与 ChatGPT 进行交流,可以单击 Close sidebar(关闭侧边栏)按钮 ,如图 1-23 所示,将左侧的聊天窗口列表折叠。而当用户需要对聊天记录进行管理时,单击 Open sidebar(打开侧边栏)按钮 ,如图 1-24 所示,即可将其展开。

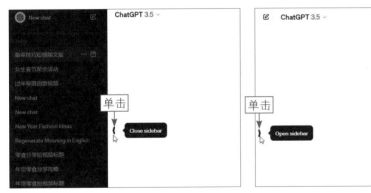

图 1-23   单击 Close sidebar 按钮   图 1-24   单击 Open sidebar 按钮

　　需要注意的是,当左侧的聊天窗口列表处于折叠状态时,页面的左上角不再显示 New chat 按钮,而是显示 按钮,它的作用与 New chat 按钮相同。因此,如果用户想新建一个聊天窗口,直接单击 按钮即可。

1.2　5 个文心一言的操作技巧

　　文心一言是百度平台推出的一款知识增强大语言模型,能够从海量的数据中检索到用户需要的内容。文心一言可以与用户对话、回答用户的问题,进而帮助用户高效、快捷地获取信息，而且推出了网页版和手机版，使用非常方便。本节将介绍5个文心一言网页版的操作技巧。

006　自定义指令的使用

扫码看教学视频

登录并进入文心一言主页后，AI会推荐一些指令模板，用户可以使用指令模板进行快速对话，也可以使用自定义的指令与AI进行交流，具体操作方法如下。

步骤 01 进入文心一言主页，在下方的输入框中输入"假设你是一位优秀的抖音博主，你的粉丝大部分都是注重自我提升的年轻人，请写一篇主题为'有效阅读的方法'的短视频文案，要求：开头抓住眼球，中间提供干货内容，结尾有惊喜"，如图1-25所示。

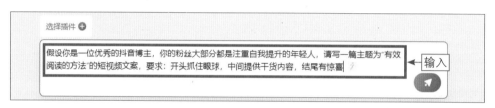

图 1-25　输入指令

步骤 02 单击输入框右下角的发送按钮，或者按【Enter】键确认，即可发送指令，并获得AI生成的短视频文案，如图1-26所示。

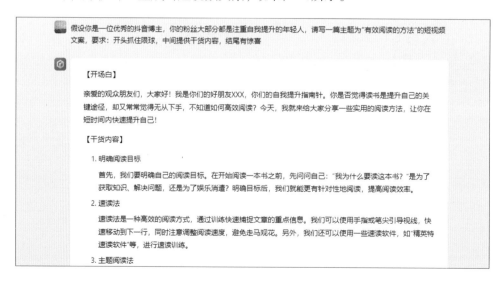

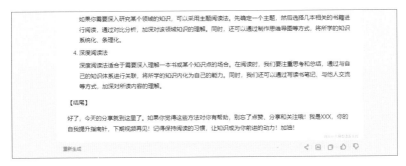

图 1-26　AI 生成的短视频文案

007　指令模板的获取与调用

除了 AI 推荐的指令模板，用户可以在文心一言的"一言百宝箱"对话框中查看更多模板，并收藏一些常用的指令模板，这样在需要使用某些指令时，可以直接在输入框中使用/（正斜杠）符号获取指令模板，具体操作方法如下。

扫码看教学视频

步骤 01 在文心一言主页的右上方单击"一言百宝箱"按钮，如图1-27所示。

图 1-27　单击"一言百宝箱"按钮

步骤 02 弹出"一言百宝箱"对话框，切换至"场景"|"营销文案"选项卡，单击"营销标题"指令模板右上角的 ☆ 按钮，如图1-28所示，即可收藏该指令模板。

图 1-28　单击相应的按钮

步骤 03 关闭"一言百宝箱"对话框，在输入框中输入/（正斜杠符号），在上方弹出的列表中切换至"我收藏的"选项卡，选择上一步收藏的指令模板，如图1-29所示。

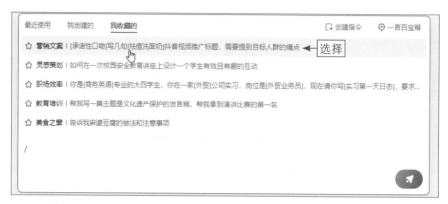

图 1-29 选择收藏的指令模板

步骤 04 执行操作后，即可自动填入所选的指令模板，将指令修改为"用[情感共鸣性口吻]写几句[颈椎按摩器]抖音视频推广标题，需要提到目标人群的痛点"，如图1-30所示。

图 1-30 修改指令

步骤 05 按【Enter】键发送，即可获得AI生成的标题，如图1-31所示。

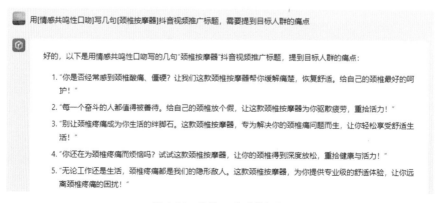

图 1-31 获得 AI 生成的标题

008　回复的重新生成

如果用户对文心一言生成的回复不太满意，可以单击"重新生成"按钮，让AI重新回复，具体操作方法如下。

步骤 01 在文心一言主页的输入框中输入"我是一个手工类短视频运营者，为了增加视频的辨识度，我想制作一个统一的片头，请你帮我构思一些片头的创意"，如图1-32所示。

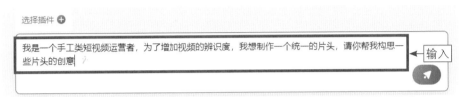

图 1-32　输入指令

步骤 02 按【Enter】键发送，AI会给出一些片头的创意，在回复的左下方单击"重新生成"按钮，如图1-33所示。

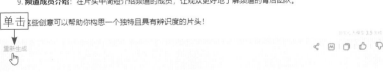

图 1-33　单击"重新生成"按钮

★ 专 家 提 醒 ★

LOGO 的英文全称为 logotype，意为标志、标记或徽标。

步骤 03 执行操作后，系统会再次向AI发送相同的指令，同时AI也会重新生成相关的回复，如图1-34所示。用户可以单击回复右侧的 ‹ 2/2 › 按钮，切换查看之前的回复内容。另外，用户还可以在AI回复内容的下方单击"更好""更差""差不多"按钮，对两次回答的内容进行对比评价。

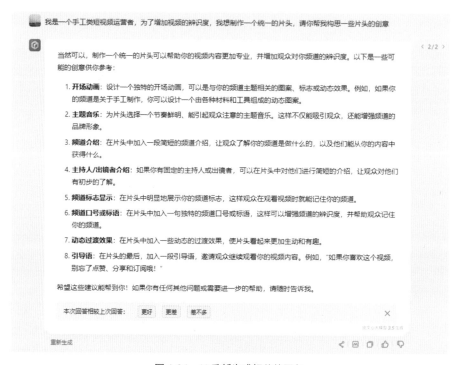

图 1-34　AI 重新生成相关的回复

★ 专家提醒 ★

在回复的下方，除了"重新生成"按钮，还提供了一些按钮来满足用户的需求，下面介绍各个按钮的功能。

• ⟨ 按钮：可以将生成的回复通过链接的方式分享出去。

•"复制成 Markdown"按钮 ▥：Markdown 是一种轻量级的标记语言，它允许用户使用易读易写的纯文本格式编写文档，并通过一些简单的标记语法来实现文本的格式化。单击该按钮，可以将回复的内容转变成 Markdown 格式并复制一份。

•"复制内容"按钮 ▢：即可复制 AI 回复的内容。

• ⬆ 按钮和 ⬇ 按钮：这两个按钮都代表了用户对回复的反馈。单击 ⬆ 按钮表示用户对回复满意、赞许；而单击 ⬇ 按钮则表示用户不满意或不喜欢生成的回复。用户提供反馈，可以让 AI 更好地理解用户的喜好与需求，从而生成更合适的回复。

009　插件的使用

扫码看教学视频

文心一言不仅提供了强大的语言理解和生成能力，还通过插件为用户提供了更加多样化的扩展功能。下面以"知犀AI思维导图"插件的使用为例，介绍具体的操作方法。

步骤01　进入文心一言主页，单击输入框左上角的"选择插件"按钮，弹出插件列表，选中"知犀AI思维导图"插件复选框，如图1-35所示，即可启用该插件，"选择插件"按钮会变为"已选插件"按钮，并显示相应的插件图标。

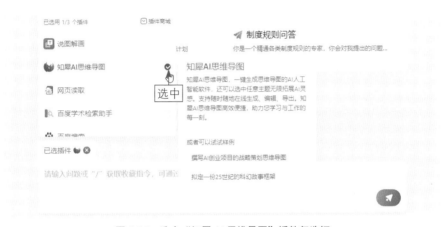

图 1-35　选中"知犀 AI 思维导图"插件复选框

★ 专家提醒 ★

如果用户没有在弹出的插件列表中找到"知犀 AI 思维导图"插件，可以单击"插件商城"按钮，在弹出的"插件商城"对话框中找到该插件，单击其右下角的"安装"按钮，如图 1-36 所示，即可安装插件，并在插件列表中显示。

图 1-36　单击"安装"按钮

17

步骤02 在输入框中输入"请制作一个主题为'短视频优缺点'的思维导图"，如图1-37所示。

图 1-37　输入指令

步骤03 按【Enter】键发送，即可获得"知犀AI思维导图"插件生成的思维导图，如图1-38所示。

图 1-38　生成思维导图

步骤04 单击生成的思维导图，即可将其放大，以便查看，如图1-39所示。

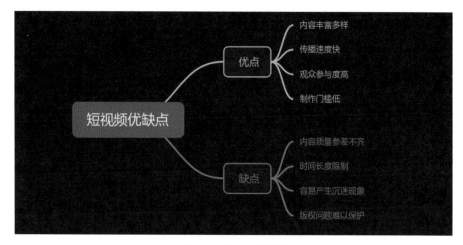

图 1-39　放大思维导图

010　对话窗口的管理

跟 ChatGPT 一样，在文心一言平台中，用户每次登录账号后也会默认进入一个新的对话窗口，而之前建立的对话窗口则会自动保存在左侧的对话窗口列表中。用户可以根据需要对这些窗口进行管理，包括新建、置顶、重命名、分享、搜索和删除，具体操作方法如下。

步骤 01　在上一例的对话窗口中，单击左侧的对话窗口列表上方的"新建对话"按钮，如图 1-40 所示。

图 1-40　单击"新建对话"按钮

步骤 02　执行操作后，即可重新创建一个对话窗口，如图 1-41 所示。

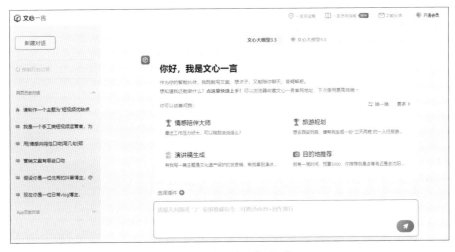

图 1-41　重新创建一个对话窗口

★ 专家提醒 ★

　　用户可以单击左侧的对话窗口列表底部的 ⇄ 按钮，如图 1-42 所示，将文心一言主页的左侧窗口隐藏起来，便于扩大对话窗口与更好地查看对话内容。如果用户需要创建新的对话窗口和查看历史对话记录，可以单击页面左下角的"展开"按钮，如图 1-43 所示，将左侧窗口重新展开。

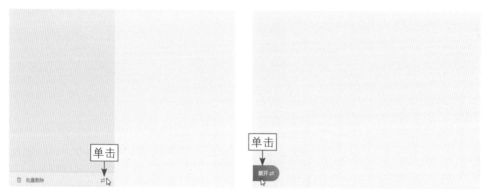

图 1-42　单击相应的按钮　　　　　　　　图 1-43　单击"展开"按钮

　　步骤 03 在输入框中输入"我想创建一个抖音短视频账号，发布一些在家里制作甜品的教程，请为我分析出目标受众，并想一个账号名称"，按【Enter】键发送，即可在新的对话窗口中获得AI提供的目标受众分析和账号名称建议，如图1-44所示。

图 1-44　获得 AI 提供的目标受众分析和账号名称建议

步骤 04 在左侧的对话窗口列表中，单击当前对话右侧的"置顶"按钮 ⚲，如图1-45所示，即可将该对话置顶。

步骤 05 在置顶的对话的右侧单击"重命名"按钮 ✐，在输入框中输入新的对话名称，如图1-46所示，单击 ✓ 按钮确认，即可修改历史对话的名称。

图 1-45　单击"置顶"按钮

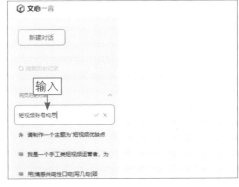

图 1-46　输入相应的名称

步骤 06 单击当前对话右侧的 ⇱ 按钮，进入分享页面，所有回复会自动被选中，单击"分享"按钮，如图1-47所示。

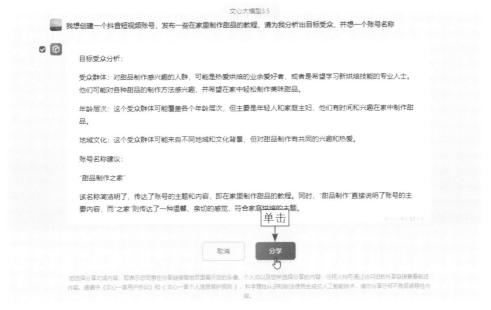

图 1-47　单击"分享"按钮

步骤 07 弹出分享对话框，单击"复制链接"按钮，如图1-48所示，即可复制生成的分享链接，将链接发送给朋友，朋友打开链接后就能查看对话内容。

步骤 08 关闭分享对话框，在当前对话的右侧单击 🗑 按钮，弹出信息提示框，如图1-49所示，单击"删除"按钮，即可删除该对话。

图 1-48　单击"复制链接"按钮　　　　　　　图 1-49　弹出信息提示框

★ 专 家 提 醒 ★

如果用户想同时删除多个历史对话，可以在左侧窗口的下方单击"批量删除"按钮，如图 1-50 所示。进入"删除对话"页面,选中相应对话前方的复选框,如图 1-51 所示，单击"删除"按钮，在弹出的信息提示框中单击"删除"按钮，即可完成历史对话的批量删除。

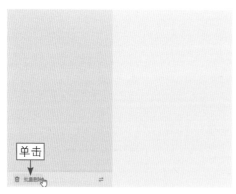

图 1-50　单击"批量删除"按钮　　　　　　　图 1-51　选中相应的复选框

第 2 章

18个短视频内容的生成技巧，
智能创作脚本

短视频作为观点传递、活动宣传、商品营销的工具，用户想发挥其最大作用，就要精心创作短视频内容。本章主要介绍运用AI策划短视频的主题、撰写短视频的标题、创作短视频的内容和生成热门短视频文案的技巧。

2.1 2个短视频主题的策划技巧

用户想制作一个短视频，首先就要确定好短视频的主题，即这个视频要讨论什么问题、传递什么信息。一个好的主题可以增加短视频的吸引力，从而让获得更多受众的关注。

在让AI策划短视频主题时，如果用户没有思路，可以让AI推荐一些选题；如果用户有一个模糊的想法，可以让AI进行优化。

011 短视频主题的推荐

扫码看教学视频

不知道制作什么内容的短视频？不知道什么主题更热门？不知道自己适合做哪些主题？这些问题都可以通过AI来解决。用户可以让AI根据自身的情况推荐一些热门的短视频主题，这样获得的主题虽然独特性可能不强，但制作的难度不会很高，而且更容易获得关注。下面将举例进行说明。

步骤 01 在ChatGPT的输入框中输入指令，按【Enter】键发送，ChatGPT会推荐10个抖音热门短视频主题，相关指令和回复内容如下。

🔵 提问

我是一个抖音短视频账号的运营者，现在需要制作一个短视频，请为我推荐10个抖音平台上热门的短视频主题。

⚫ ChatGPT

当涉及抖音短视频的主题时，选择吸引观众的热门话题是至关重要的。以下是一些在抖音平台上常见且热门的短视频主题，可以为你的账号提供灵感。

1. 挑战性舞蹈视频：参与流行的舞蹈挑战，或者创建自己的独特舞蹈，吸引舞蹈爱好者。

2. 生活日常分享：分享你的日常生活、有趣的经历、日常工作等，能够让观众更好地了解你。

3. 美食探险：尝试新的美食，分享自己的烹饪经验或者在不同的地方品尝当地美食。

4. 宠物趣事：如果你有宠物，可以分享它们的搞笑、可爱瞬间，观众通常喜欢这类内容。

5. 创意妆容和变装：展示各种创意妆容，或者进行有趣的变装，吸引对化妆和时尚感兴趣的观众。

6. 搞笑喜剧短片：创作有趣的小品、搞笑场景，让观众在笑声中度过愉快的时光。

7. DIY手工制作：展示你的手工制作技能，教授简单的DIY项目，吸引对手工艺术感兴趣的观众。

8. 音乐表演：如果你有音乐才华，可以在短视频中进行表演，或者参与流行音乐挑战。

9. 旅行冒险：分享你的旅行经历、美丽的风景和有趣的文化，激发观众对旅行的兴趣。

10. 教育知识分享：创作有趣的知识分享视频，向观众传递有趣的信息，可以涉及科学、历史、文化等各个领域。

确保你的短视频内容符合抖音的社区准则，吸引观众的同时保持创意和多样性。

步骤02 在同一个聊天窗口的输入框中输入指令，按【Enter】键发送，ChatGPT会根据用户的情况从推荐的主题中选择更适合的3个，相关指令和回复内容如下。

⊙ 提问

请根据我的情况，从推荐的主题中选择更适合的3个，并按照推荐程度从高到低进行排序。

我的情况：我是一名23岁的职场新人，在一家文学网站做小说编辑，目前是独居状态，经常自己做饭，没有养宠物，不会舞蹈、乐器和化妆，旅行的频率很低。

⊛ ChatGPT

根据你的情况，我为你选择了3个适合的抖音短视频主题，并按照推荐程度从高到低进行排序。

1. 生活日常分享：

创作关于你在文学网站做小说编辑工作的日常，分享编辑生活中的有趣瞬间，可以包括书籍推荐、工作幕后花絮等，让观众更好地了解你的职业和生活。

2. 美食探险：

展示你在独居状态下自己做饭的过程，分享简单又美味的食谱。可以尝试新的烹饪方式，介绍一些适合单身生活的快捷美食，吸引对美食和烹饪感兴趣的观众。

3. 教育知识分享：

以小说编辑的身份，分享有趣的文学知识、小说创作技巧或者书籍推荐。可以通过短视频向观众传递文学领域的知识，吸引那些热爱阅读和文学的粉丝。

这3个主题都能够展示你的个性和工作特点，同时保持了与你的生活状态和兴趣的契合。记得在创作过程中保持轻松愉快的氛围，让观众更容易产生共鸣。

步骤 03 在同一个聊天窗口的输入框中输入指令，按【Enter】键发送，ChatGPT会提供5个相关的短视频主题，用户可以从中选择喜欢的主题，相关指令和回复内容如下。

🔵 **提问**

我会制作多种口味的三明治，因此选择"美食探险"这个主题，请为我提供5个更细化、更具体、更正式的短视频主题。

⬡ **ChatGPT**

当选择"美食探险"这个主题时，你可以创建多个有趣而引人入胜的短视频，以展示你制作多种口味的三明治的过程等。以下是为你提供的5个更细化、更具体、更正式的短视频主题。

1. 三明治创意组合：

展示你创作的独特三明治口味组合，可以包括一些非传统的食材或调味料。向观众展示如何搭配食材，凸显口感和味道的创意组合。

2. 步骤详细的三明治制作教程：

制作详细的三明治制作教程短视频，分步骤演示每个制作过程。注重食材的准备、搭配及烹饪技巧，使观众能够轻松复制你的美味三明治。

3. 有季节特色的三明治：

根据不同季节的食材变化，制作有季节特色的三明治。可以选择与当前季节相符的食材，展示如何在不同的季节为三明治增色添香。

4. 三明治与饮品搭配：

探索三明治与各类饮品的搭配，可以是咖啡、茶或果汁等。分享搭配的原因和口感，为观众提供更全面的美食体验。

5. 快捷美味单身三明治：

面向单身人群，展示制作简单、快捷又美味的三明治。强调适合独居状态的食材选择和制作步骤，吸引单身观众的关注。

这些主题将使你的美食探险短视频更加具体和吸引人。确保在视频中展示食材的新颖性、口感的丰富性，并以清晰的步骤和解说呈现给观众。

012　短视频主题的优化

如果用户对短视频的主题有一些想法，但还不够清晰和具体，可以将想法提供给AI，让它将想法进行细化和优化，从而获得更详细、可行性更强的短视频主题。下面将举例进行说明。

扫码看教学视频

步骤 01 在ChatGPT的输入框中输入指令，按【Enter】键发送，ChatGPT会提供一些短视频选题的灵感，相关指令和回复内容如下。

🅒 提问

我是一个手工领域的短视频博主，最近正在更新制作串珠手链的系列视频，目前已经制作了基础教程、材料介绍、工具介绍等视频，接下来想制作一个短视频来介绍串珠手链的设计思路，但不知道该从哪个角度进行切入，请你为我提供一些灵感。

🅢 ChatGPT

当你要制作介绍串珠手链设计思路的短视频时，可以考虑以下几个角度。

1. 风格分类：介绍不同风格的串珠手链设计，例如复古、时尚、简约等。展示每种风格串珠手链的特点，同时可以示范一两个代表性的设计。

2. 颜色搭配：强调如何选择和搭配串珠的颜色，以打造吸引眼球的手链。可以介绍一些经典的颜色搭配原则，同时展示实际操作过程。

3. 主题设计：探讨如何在串珠手链中加入特定的主题元素，例如季节、节日、自然等，这可以让手链更有故事性和个性。

4. 材料创意：引导观众发挥创意，尝试不同的串珠材料，比如各种大小和形状的珠子、不同材质的线等，以创造独特的设计。

5. 手链层次：演示如何通过变化层次感来设计手链，包括使用不同大小的珠子、添加金属元素或吊坠等。

6. DIY技巧：分享一些串珠手链的DIY技巧，例如特殊的编织方法、打结技巧等，这可以帮助观众更轻松地完成复杂的设计。

7. 故事背后：如果有特殊的灵感来源或设计背后的故事，可以分享给观众，这能够为手链赋予更深层次的意义。

8. 互动元素：鼓励观众参与，可以提出一些设计挑战，征集他们的设计想法，并在视频中展示一些精选作品。

记得在视频中展示实际操作，让观众能够清晰地看到每个设计思路的实际效果。希望这些灵感能够帮助你制作一段有趣而富有创意的串珠手链设计思路介绍视频！

步骤 02 在同一个聊天窗口的输入框中输入指令，按【Enter】键发送，让ChatGPT根据选择的灵感提供5个短视频选题，相关指令和回复内容如下。

提问

我决定从"颜色搭配"这个角度进行切入，请为我提供5个更具体、实用性更强的短视频选题。

ChatGPT

当以"颜色搭配"为主题时，以下是5个具体而实用的短视频选题。

1. 经典色系搭配：展示如何使用经典色系，例如复古色、黑白灰、地中海蓝等，打造时尚而经典的串珠手链设计。同时介绍不同经典色系的特点和搭配技巧。

2. 季节色彩灵感：探讨如何根据不同的季节选择串珠颜色，例如春季清新色、夏季明亮色、秋季温暖色、冬季冷色，展示如何通过色彩表达季节感。

3. 对比与搭配：强调色彩对比的重要性，介绍互补色、相邻色、三角色等的搭配原则。通过实际示范，让观众学会运用对比来增强手链的视觉吸引力。

4. 个性化调性：演示如何根据个人喜好和风格调整串珠颜色，以打造独一无二的手链，探讨如何发现和表达个性化的色彩调性。

5. 彩虹色串珠手链：以彩虹为灵感，展示如何巧妙地将各种颜色的串珠组合在一起，设计丰富多彩的手链，分享彩虹色搭配的技巧和注意事项。

这些选题旨在帮助你深入探讨颜色搭配在串珠手链设计中的应用，同时提供实用的技巧和灵感，使观众能够在实际制作中获得启发。祝你的视频制作顺利！

2.2　5个短视频标题的撰写技巧

短视频标题文案是对短视频主体内容的概括，能够起到突出视频主题、吸引受众观看视频的作用。与作文类似，标题文案也可以从写作结构上进行划分，包括悬念式、对比式、数字式、借势式和观点式等类型。

013　悬念式标题文案的撰写

扫码看教学视频

悬念式标题文案是指在标题中设置一个问题或挑战，从而引起受众的好奇心和兴趣，促使他们观看视频。用户可以将短视频的主题告诉AI，让它根据主题生成悬念式标题文案。下面将举例介绍具体的操作方法。

提问

我要制作一个主题为"水蒸蛋制作技巧"的短视频，请为我提供10个悬念式的标题文案。

ChatGPT

1. 揭秘神秘配方！这个水蒸蛋独家技巧，你肯定没听说过！

2. 极简食材，意想不到的美味！水蒸蛋制作，这个步骤你敢试吗？

3. 别再用传统方法！这个水蒸蛋秘密技巧，让你的厨艺大突破！

4. 水蒸蛋的独门绝技，看了绝对惊叹！你猜得到吗？

5. 失传多年的水蒸蛋技术，终于曝光！学会这招，吃货们都要感激不已！

6. 小心被吓到！水蒸蛋的新玩法，简直是厨艺的颠覆！

7. 别再用老套路，水蒸蛋制作的新境界，你敢挑战吗？

8. 超级难掌握的水蒸蛋技巧，只有高手知道！你是其中一员吗？

9. 水蒸蛋不再单调！这个技巧让你的味蕾瞬间爆发！

10. 未解之谜！水蒸蛋的独家制作秘诀，看完你一定忍不住动手试试！

014　对比式标题文案的撰写

扫码看教学视频

对比式标题文案是指在标题中加入对比，通过制造不同事物或事件之间的差异化，让受众快速了解短视频的主要内容。下面将举例介绍具体的操作方法。

提问

请为一个主题为"厨房清洁剂分享"的短视频提供10个对比式的标题文案。

ChatGPT

1. 传统VS创新：厨房清洁剂全解析！

2. 性能PK：哪种清洁剂更适合你的厨房？

3. 天然 VS 化学：找到最环保的清洁方式！

4. 价格对比：省钱又高效的厨房清洁剂大揭秘！

5. 速效 VS 持久：哪种清洁剂能更快速地清理油渍？

6. 香味大战：厨房清洁剂的香氛对比，你最喜欢哪种？

7. 去污大作战：对比不同清洁剂的去污能力！

8. 无残留 VS 残留：选择适合你的清洁方式！

9. DIY VS 购买：制作自己的清洁剂是否更经济实惠？

10. 厨房明亮度对比：清洁剂让你的厨房更明亮！

★ 专家提醒 ★

VS 的英文全称为 Versus，意为对抗、与……相比。PK 的英文全称为 Player Killing，意为比赛、挑战。

015 数字式标题文案的撰写

扫码看教学视频

数字式标题文案，顾名思义是在标题中融入数字。这类标题文案具有数字的优势，能够更直观、有说服力地展现视频的核心内容，满足人们快节奏、泛娱乐的需求。用户可以向 AI 提供一些数字式标题的范例，让 AI 进行仿写，具体的操作方法如下。

提问

抖音短视频中的数字式标题文案的风格通常为"开始大学生活前，你需要明白的 5 件事""小个子女生不能错过的 10 个搭配技巧""95% 的人不知道的修图小技巧"等。请你模仿这些风格，为一个主题为"房间整理技巧"的短视频撰写 10 条数字式标题文案。

ChatGPT

1. 整理房间小技巧大揭秘——你不知道的 5 种收纳神器！

2. 懒人福利！10 分钟搞定房间整理，让你的空间焕然一新！

3. 开启房间变魔法的 5 个巧妙整理方法，让生活更轻松！

4. 房间整理达人必备：10 款实用储物盒，秒变收纳高手！

5. 房间大改造：10 个让你惊艳的布置技巧，简单又有格调！

6. 打造梦幻卧室，5 个灵感满满的床头装饰小技巧！

7. 别再犯错：整理房间前必知的 10 个防踩雷建议，省时省力！

8. 告别混乱：5 个清爽整理法则，让你的房间焕然一新！

9. 不要再错过：打破常规的 10 种摆放方式，创造个性空间！

10. 房间整理秘诀大公开：95% 的人都不知道的 5 个高效小技能！

016　借势式标题文案的撰写

借势式标题文案主要是指借热点事件、热点人物、热点元素的热度来创作的标题文案。用户在向 AI 发送指令时，需要指明热点是什么，这样才能快速获得对应的借势式标题文案。下面将举例介绍具体的操作方法。

扫码看教学视频

提问

借势式标题文案主要是指借热点事件、热点人物、热点元素的热度来创作的标题文案。请结合鸡年春节的热度，为一个零食分享短视频撰写 10 条借势式标题文案。

ChatGPT

1. 跟着大吉大利的鸡年风，一起来嗨零食分享！

2. 鸡年大吉！零食分享攻略，让你吃出幸福滋味！

3. 春节零食新宠，快来看看这些美味鸡年特供！

4. 舌尖上的幸福！鸡年限定零食大揭秘，快跟我来尝鲜！

5. 热闹鸡年，零食分享不可错过，这些美味一定要尝！

6. 不只是吉祥，更是美味！鸡年零食分享大公开！

7. 开启鸡年美味之旅！零食分享带你尝遍春节好味道！

8. 鸡年零食新宠，限时特供美味，快来一起分享！

9. 热闹鸡年，分享美味零食，幸福滋味无限回味！

10. 鸡年吉祥，零食分享带来的幸福滋味！快来一起品尝！

017　观点式标题文案的撰写

观点式标题文案是指在标题中融入表达者观点的标题文案。这类标题文案要求观点鲜明、独树一帜，能够迅速吸引受众的关注，常作为说理性强的短视频标题。在借助 AI 生成观点式标题文案时，用户可以在指令中

扫码看教学视频

写明视频的观点，避免标题与视频内容不符，具体的操作方法如下。

 提问

请为一个主题为"过量摄入糖分影响身体健康"的短视频撰写10条观点式标题文案。

🟢 ChatGPT

1. 甜蜜背后的危机：过量的糖分对心脏健康的威胁！

2. 放缓甜食步伐：探讨糖分过多如何引发肥胖问题。

3. 甜蜜诱惑：糖分摄入过量会导致糖尿病的风险有多大？

4. 甜蜜毒药：过度摄入糖分对肝脏功能的影响揭秘！

5. 甜品带来的代价：过量的糖分是引发炎症的罪魁祸首吗？

6. 甜蜜的伤害：过量的糖分如何损害免疫系统？

7. 甜蜜的后遗症：糖分过多会对大脑功能产生哪些负面影响？

8. 健康危机背后的糖分：过量摄入如何引发关节问题？

9. 糖分的伪装者：探讨隐藏在食品中的隐形糖分对整体健康的潜在威胁。

10. 告别甜蜜诱惑：为什么过度摄入糖分是维持健康生活的障碍？

2.3　5个短视频内容的创作技巧

想制作一个内容完整、能反映主题的短视频，用户在创作短视频时就要围绕主题来展开，并从多个方面来进行创作，包括脚本文案、分镜头脚本、时长、画面和人物台词等。

018　短视频脚本文案的创作

用户构思好短视频主题后，就可以让AI根据主题创作短视频脚本文案，具体的操作方法如下。

扫码看教学视频

 提问

我要制作一个主题为快捷美味三明治的短视频，面向单身人群，展示简单、快捷又美味的三明治制作方法，强调适合独居状态的食材选择和制作步骤，吸引单身观众的关注，请根据这些信息创作出相应的脚本文案。

ChatGPT

标题：《单身美味时光：快捷三明治独享》

片头画面：

（欢快的音乐声）

字幕：单身美食日常

片头LOGO：单身美食日常

场景一：厨房

画面：一个干净、整洁的厨房，桌面上准备了简单的食材。

旁白：

"嘿，单身的朋友们！今天我要为你们带来一款简单、快捷又美味的三明治！"

场景二：食材介绍

画面：主持人手持食材，展示牛油果、火腿、蔬菜等食材。

旁白：

"首先，我们来看看这些单身生活的好伙伴，有新鲜的牛油果、多汁的火腿，还有各种色彩缤纷的蔬菜！"

场景三：制作步骤

画面：展示简单的三明治制作步骤，比如涂抹牛油果酱、叠加火腿、加入蔬菜等。

旁白：

"步骤简单到不行！首先，涂上我们秘制的牛油果酱，这是单身时光的必备调味品！"

场景四：快速享用

画面：主持人拿着制作好的三明治，坐在沙发上，一边吃一边微笑。

旁白：

"好啦，不到10分钟，一份美味的三明治就搞定啦！简单、快捷，而且还美味！"

场景五：吸引关注

画面：展示各种美味的三明治瞬间，配上文字：单身也能享受美食！

旁白：

"单身的你，也值得拥有美味的时光！快来关注我，一起享受单身生活的美好吧！"

片尾：

字幕：单身美食日常

（附上社交媒体链接和二维码）

"记得点赞、分享，和更多单身的小伙伴一起分享这份美味！"

019 分镜头脚本的编写

分镜头脚本文案是用来描述短视频中每一个镜头的内容和细节的文稿，一般包含标题、场景描述、景别、运镜、台词或对白、道具、节奏和节拍等要素，并且通常以表格的形式呈现。用户在让AI生成分镜头脚本时，可以提供格式要求和具体要素，从而获得更完整的脚本。下面将举例介绍具体的操作方法。

 提问

假设你是一位资深的短视频编导，请以"暑假好去处——欣欣植物园"为主题，提供一个短视频分镜头脚本。要求：以表格的形式呈现，包含分镜序号、景别（中、近、远、特写等镜头）、画面描述、对话台词（包括人物对话时的动作、语言、神态等，越详细越好）、背景音乐（最好给出具体的歌曲名称）。

⑤ ChatGPT

分镜序号	景别	画面描述	对话台词	背景音乐
1	远景	欣欣植物园入口外景	旁白：欣欣植物园，繁花似锦，让我们一起走进这个暑假的绿色乐园。	温暖的旋律
2	中景	游客欢笑拍照，大门口的植物欢迎牌	游客1：哇，这里真美！	轻快的钢琴音乐
3	特写	缤纷的花朵，蝴蝶在花间飞舞	旁白：这里有千姿百态的植物，宛如仙境。	悠扬的小提琴
4	中景	游客在植物标本区认真观察	导游：欢迎大家参观我们的植物标本区，这里有世界各地的奇异植物，让你大开眼界。	轻松的吉他旋律
5	近景	儿童在儿童乐园玩耍，笑声阵阵	小朋友1：这里好好玩啊！	活泼的儿童音乐

续表

分镜序号	景别	画面描述	对话台词	背景音乐
6	特写	一对情侣手牵手漫步在花海中	男生：这里真是个浪漫的地方。	柔和的钢琴曲
7	中景	人们在湖边乘坐小船，湖水清澈见底	情侣 2：一起划船吧！	水波悠扬的音效
8	近景	美食区域，人们围坐在小桌旁品尝美食	朋友 1：这里的冰激凌真好吃！	欢快的流行音乐
9	中景	游客在草坪上举办野外瑜伽活动	瑜伽教练：大家跟着我的动作，感受大自然的气息。	宁静的轻音乐
10	特写	蝴蝶停在花朵上，悠然飘舞	旁白：欣欣植物园，是暑假放松心灵的好去处，让我们在这里尽情享受大自然的馈赠。	舒缓的大自然音效
11	远景	夕阳下，游客纷纷离开，植物园恢复宁静	旁白：欣欣植物园，期待你的再次光临。	安静的背景音乐

注意：为了更好地呈现画面，建议在拍摄时运用稳定器、镜头变焦等技术，以创造更生动、有趣的视觉效果。同时，应根据画面氛围选择背景音乐，确保与视频整体风格相协调。

可以看出，AI 创作的分镜头脚本还有很多不足，例如对话台词不够详细，背景音乐比较模糊等，因此只能作为一个参考，用户最好根据需求进行修改和优化，再进行使用。

020　短视频时长的设计

在快节奏时代的当下，短视频作为人们喜闻乐见的娱乐方式之一，它的时间把控相当重要。好的视频不仅画面内容为人们赞赏，时间与画面恰到好处的结合也能够让人眼前一亮。在 AI 的帮助下，用户可以获得准确、高效的时长设计方案。下面将举例介绍具体的操作方法。

扫码看教学视频

C 提问

请根据以下信息提供一份有效、详细的短视频时长设计方案。

视频主题：羽绒服清洗小帮手。

视频时长：50 秒。

视频重点：介绍使用 CC 清洁喷雾清洗羽绒服的方法和优点，以及 CC 清洁喷雾现在买三送一、买五送二的优惠活动。

ChatGPT

短视频时长设计方案

视频时长：50秒。

场景设置：

1. 开场（0～5秒）

   - 画面：展示一位穿着羽绒服的模特。

   - 配乐：轻快的音乐，引导观众的注意。

2. 介绍CC清洁喷雾（6～15秒）

   - 画面：展示CC清洁喷雾产品，突出清晰的包装和产品特色。

   - 文字提示：CC清洁喷雾，羽绒服的清洗小帮手。

3. 展示使用方法（16～30秒）

   - 画面：演示如何在羽绒服上正确喷洒CC清洁喷雾。

   - 文字提示：简单喷洒，轻松清洗。

4. 优点介绍（31～40秒）

   - 画面：表现羽绒服表面清洁，绒丝分明。

   - 文字提示：温和清洁，保护羽绒绒丝。

5. 特价优惠活动（41～50秒）

   - 画面：显示CC清洁喷雾的买三送一、买五送二的优惠信息。

   - 文字提示：现在购买，超值优惠不容错过！

结尾：

   - 最后几秒钟展示品牌LOGO和购买渠道，提供官方网站或购物链接。

   - 配乐：音乐逐渐变得更加欢快，激发购买欲望。

注意事项：

   - 画面过渡流畅，不要让观众感到突兀。

   - 文字提示简洁明了，吸引眼球。

   - 配乐选择与产品调性相符，营造轻松愉悦的氛围。

   - 视频内容需简短有趣，让观众快速了解产品并激发购买兴趣。

021　短视频画面的设计

扫码看教学视频

在视频脚本中，画面内容的设计能够让视频效果更加出彩，因此用户要想制作出优质的短视频，可以在画面设计上下功夫，借助AI的力量设计出更多有创意的画面。下面将举例介绍具体的操作方法。

提问

我要制作一个主题为"古风写真馆体验"的探店短视频，视频时长为 50 秒，视频画面的主角是一位没有穿过古风服装的年轻女孩，请提供一些画面设计的思路。

ChatGPT

制作一个以"古风写真馆体验"为主题的探店短视频，以一位年轻女孩为主角是个很有趣的切入点。以下是一些建议的画面设计思路。

1. 开篇：选择一段富有古典氛围的音乐开场，突出古风写真馆的特色。

2. 女孩进场：画面从写真馆的门口开始，展示女孩进入写真馆的瞬间，可以通过慢动作或特写来突出她对环境的好奇与期待。

3. 服装变身：设计一段穿着变身的过程，可以通过镜头切换或快速变焦等方式，呈现女孩从现代装扮到古风服装的转变。

4. 环境体验：展示女孩在写真馆内的各种体验，如欣赏古典的装饰、观察摄影师的拍摄过程、与古风道具互动等。

5. 拍摄花絮：夹杂一些写真拍摄的花絮，展示女孩与摄影师、工作人员的互动，营造愉快的氛围。

6. 模特演绎：在视频中穿插模特演绎的片段，展示不同古风造型的精美之处，可以选择一些特色服饰和布景，吸引观众眼球。

7. 自由拍摄：为女孩提供一些自由拍摄的时间，让她在古风写真馆中尽情表达自己的情感，捕捉真实的笑容和惊喜。

8. 文字解说：适度加入文字解说，介绍写真馆的特色、服务，以及提供预约信息等。

9. 结尾：以女孩满足的笑容和写真馆的 LOGO 结尾，同时展示一些写真照片的集锦，给观者留下深刻印象。

在整个视频中，注重表达女孩的情感和体验，通过音乐、镜头运动和文字解说，引导观众感受古风写真馆的独特魅力。

022　人物台词的编写

扫码看教学视频

台词在短视频的制作中也发挥着重要的作用，好的台词设计可以表现人物的性格、推动故事情节的发展。用户可以让 AI 根据剧情要求、人物性格来编写台词，具体的操作方法如下。

（CI）**提问**

请编写一些亲情剧的人物台词，角色为姐姐A和妹妹C，角色性格分别为温柔知性和内向害羞，此时的背景为姐妹之前由于旅行地点问题发生了争吵，现在两人都想与对方和好。

ChatGPT

场景：姐姐A和妹妹C在家中客厅，气氛有些尴尬，两人都有和解的愿望。

姐姐A（温柔知性地说）："C，我们坐下来好好聊一聊吧。这些天的争吵真的让我感觉很难受。"

妹妹C（内向害羞地低着头）："嗯，我也觉得不好受。可能是我太固执了。"

姐姐A（轻轻地笑）："姐妹之间嘛，总有一些小摩擦是难免的。但我不想看到我们因为这样的事情而闹得不开心。"

妹妹C（小声地说）："可是我真的觉得那个旅行地点更适合我们，而且也不想姐姐为难。"

姐姐A（理解地点头）："我知道你有你的想法，而且我也没想让你觉得为难。或许我当时表达得太强烈了，我不该让这件事影响到我们的感情。"

妹妹C（抬头看着姐姐A）："姐，我也不该生气，其实我也明白你的用心。只是……我就是有点小小的任性。"

姐姐A（笑着揽住妹妹的肩膀）："傻瓜，我们都有自己的坚持，这没什么不好。但最重要的是，我们不能让这样的小事破坏我们的关系。"

妹妹C（羞涩地笑）："是啊，姐，我真的不想和你闹别扭。我们能不能重新计划一下旅行，找一个大家都喜欢的地方？"

姐姐A（亲切地笑）："当然可以，我也觉得这是最好的解决办法。重要的是我们在一起，地方并不重要。"

妹妹C（开心地点头）："嗯，我也这么想。谢谢姐，我真的很爱你。"

姐姐A（紧紧拥抱妹妹）："我也爱你，亲爱的妹妹。以后我们要多沟通，不再因为这些小事让彼此难过。"

这时，两姐妹的笑声在客厅里回荡，姐妹之间的争吵仿佛成了一场小小的风暴，留下的只有更加坚固的亲情。

2.4　6 个热门短视频文案的生成技巧

掌握了短视频主题、标题和内容的生成技巧之后，用户还需要了解不同类型的短视频文案的生成方法，本节选取 6 种热门的短视频文案，介绍它们的生成技巧。

023　互动体验类短视频文案的生成

扫码看教学视频

互动体验类短视频文案是指视频中用于描述、引导和激发受众参与互动的文字内容，其最主要的目的是吸引受众的注意力，并引导受众积极参与视频中的活动。运用 AI 生成互动体验类短视频文案，需要用户输入具体的需求和恰当的指令进行引导。下面将举例介绍具体的操作方法。

⊙ 提问

我要制作一个主题为"自制手工纸店铺探店"的短视频，请用互动体验类视频文案的写法，提供一篇完整的短视频文案。

⊙ ChatGPT

标题：手工纸探店之旅

开场镜头

悠扬的音乐响起，画面从远处慢慢拉近，一间充满文艺气息的手工纸店映入眼帘。温馨的灯光透过窗户洒在桌上，纸张在微风中轻轻摆动。

旁白：大家好，欢迎参加手工纸探店之旅！今天，我们将一起探访一家独特的手工纸店，感受手作的温暖和艺术的魅力。

场景一：店铺介绍

画面切换到店铺门口，门上挂着别致的招牌，店主热情地迎接着每一位顾客。

旁白：这里是一家专注手工制作的纸店，每一张纸都是用心制作的艺术品。现在，我们一起进去看看吧！

场景二：互动体验

镜头切换到店内，可以看到各式各样的手工纸摆放在货架上。主持人拿起一张纸，感受其质地。

旁白：这些纸张是由店家亲手制作的，每一张都有独特的纹理和质感。你也可以动手试一试，感受手工纸的魅力。

场景三：手工DIY体验

客人在店内的工作台前进行手工制作，店主耐心指导。

旁白：这里还提供手工DIY体验，让你亲自动手制作一张属于自己的手工纸。无论是明信片、书签还是小装饰品，都可以在这里完成。

场景四：艺术分享

店内摆放着一些艺术家的作品，展示手工纸的多样用途。

旁白：这里也是艺术家们展示作品的地方，手工纸不仅可以用来制作日常用品，还可以成为艺术的媒介，创作出令人惊艳的作品。

收尾镜头

主持人手持一张刚刚制作好的手工纸，微笑着面向镜头。

旁白：来到这里，不仅可以购买到独特的手工纸，还能亲身体验手工制作的乐趣。感谢大家和我们一起参加手工纸探店之旅！

片尾字幕

欢迎关注我们的频道，探索更多有趣的生活小店。#手工纸 #探店之旅 #互动体验

整个短视频以轻松愉悦的氛围，通过互动体验和实地探访，展示手工纸店的独特魅力，激发观众的兴趣和参与欲望。

024 情节叙事类短视频文案的生成

扫码看教学视频

情节叙事类短视频文案是指以讲故事的形式来描述视频内容的文字。这类文案通常借助镜头语言呈现现实生活或反衬现实生活，以讲故事的方式引人入胜。

情节叙事类短视频文案的题材内容包括但不限于亲情、爱情、友情等关乎人类情感的故事。如今，在各大短视频平台中，最热门的情节叙事类短视频文案是用户虚构一个爱情故事，将其作为短视频脚本，用镜头的方式呈现出来。

因此，用户在运用AI生成情节叙事类短视频文案时，也可以先让AI虚构一个故事，再让AI将故事改成短视频脚本。下面将举例介绍具体的操作方法。

步骤01 在ChatGPT的输入框中输入指令，按【Enter】键发送，让ChatGPT虚构一个恋人分手的故事，相关指令和回复内容如下。

⊙ 提问

提供一个关于男女主在星空下分手的故事，分手的原因是两人对未来的规划截然相反，男主想回老家打拼事业，女主则想成为野生动物生态学家。要求：包括人物对话和心里独白，富有创意。

⊙ ChatGPT

在一个宁静的夜晚，星光洒满天空，仿佛为两颗心闪烁的思绪绘上了点点的光芒。男主杰夫和女主艾丽丝站在一片开阔的原野上，眺望着星空，身旁一片静谧。

"杰夫，你真的决定要回老家了吗？"艾丽丝的声音在宁静的夜晚显得格外清亮。

杰夫顿了一下，然后轻声说道："是的，艾丽丝。我想回去，建设一片属于自己的天地。我想要在老家建立自己的事业，过上安稳的生活。"

艾丽丝看着杰夫，眼中有一丝迷茫。她的梦想是成为一名野生动物生态学家，走遍世界各地，研究并保护野生动植物。这个梦想是她小时候就开始孕育的，是她心中熠熠生辉的星星。

"杰夫，我真的很爱你，可是我的梦想也很重要。我想要亲手去保护那些无辜的生命，探索未知的自然奇迹。"艾丽丝的眼神中闪烁着坚定。

杰夫轻轻地揽过艾丽丝的肩膀，感受着她的温暖。"艾丽丝，我知道你的梦想对你来说很重要。可是我也有我的梦想，我希望能在老家为自己打拼出一片天地。你能理解吗？"

艾丽丝微微低头，深深吸了一口气。"我理解，但是我不能放弃我的梦想。我想要在大自然中寻找我人生的意义，为这个美好的世界贡献一份力量。"

杰夫黯然地松开了手，他知道两人之间的分歧已经变得无法逾越。"或许我们的梦想太过迥异，无法同时成就。艾丽丝，我真的希望你能过上幸福的生活。"

艾丽丝轻轻地握住了杰夫的手，微笑着说："我也希望你能实现自己的梦想，杰夫。或许在某个星空下，我们会再次相遇。"

两人默默地望着星空，时间仿佛在这片宁静的夜晚凝固。分手的决定虽然让两颗心痛苦，但也让彼此的梦想得以自由绽放。星空下，他们各自踏上了属于自己的旅程。杰夫回到老家，开启了他的事业，而艾丽丝则追逐着她的梦想，成为一名杰出的野生动物生态学家。

在岁月的流转中，他们的名字成了各自领域耀眼的星辰。而每当夜晚降临，星空下的思绪依然会牵引着他们的心，让曾经的爱情，在梦想的星辰间得到了一种超越的交汇。

步骤 02 在同一个聊天窗口的输入框中继续输入指令，按【Enter】键发送，让ChatGPT根据虚构的故事生成分镜头脚本，相关指令和回复内容如下。

CI 提问

将上述故事用分镜头脚本的方式呈现出来。分镜头脚本要以表格的方式呈现以下内容：分镜序号、景别（中、近、远、特写等镜头）、画面描述、对话台词（包括人物对话时的动作、语言、神态等，越详细越好）。

⑤ ChatGPT

分镜序号	景别	画面描述	对话台词
1	远景	夜晚星空璀璨，草地上两人相对而立，星光洒在他们身上	
2	近景	杰夫和艾丽丝站在一片开阔的原野上，注视着星空	
3	特写	艾丽丝的眼中有一丝迷茫，她轻声询问杰夫	艾丽丝："杰夫，你真的决定要回老家了吗？"
4	特写	杰夫顿了一下，轻声回应艾丽丝的问题	杰夫："是的，艾丽丝。我想回去，建设一片属于自己的天地。"
5	特写	艾丽丝眼神中闪烁着坚定，她表达了自己的梦想	艾丽丝："我想要亲手去保护那些无辜的生命，探索未知的自然奇迹。"
6	中景	杰夫揽过艾丽丝的肩膀，两人之间弥漫着温馨的气息	杰夫："艾丽丝，我知道你的梦想对你来说很重要。可是我也有我的梦想，我希望能在老家为自己打拼出一片天地。你能理解吗？"
7	特写	艾丽丝微微低头，深深吸了口气，表达自己的理解	艾丽丝："我理解，但是我不能放弃我的梦想。我想要在大自然中寻找我人生的意义，为这个美好的世界贡献一份力量。"
8	中景	杰夫松开手，两人之间开始显露分歧	杰夫黯然地说："或许我们的梦想太过迥异，无法同时成就。艾丽丝，我真的希望你能过上幸福的生活。"
9	特写	艾丽丝轻轻握住杰夫的手，微笑着表达自己的期望	艾丽丝："我也希望你能实现自己的梦想，杰夫。或许在某个星空下，我们会再次相遇。"
10	远景	两人默默地望着星空，宁静的夜晚仿佛凝固了时间	
11	远景	时间流转，夜晚变成白天，他们各自踏上了不同的旅程	

这个分镜头脚本以表格的形式展示了故事的关键场景，包括景别、画面描述和对话台词，以便更清晰地呈现故事情节。

025　干货分享类短视频文案的生成

干货分享类短视频文案是指在视频中进行知识分享、实用性技能传授的文字描述，能够帮助受众丰富自己的知识，提高能力或解决问题。这类文案的呈现方式可以是图文短视频，也可以是口播短视频。下面将举例介绍具体的操作方法。

扫码看教学视频

🔵 提问

你是一名手工达人，现在需要你分享用米珠制作郁金香门帘的方法，请按照干货分享类文案的写法，创作一份口播短视频文案。

⬡ ChatGPT

（音乐轻快，画面切换至手工制作场景，手中拿着米珠）

大家好，我是手工达人×××（你的名字），今天要和大家分享一个超美的手工制作项目——用米珠制作郁金香门帘。让我们一起动手，为家里带来一丝浪漫的氛围吧！

首先，我们需要准备的材料有：各种颜色的米珠、细绳、门帘的骨架、手工胶和一些小工具。

（画面切换至准备材料的过程）

第一步，将各色米珠按照颜色分类，这样在制作过程中更加方便。接下来，我们需要在门帘骨架上系好细绳，确保绳子的间距均匀。

（画面切换至操作细绳的过程）

第二步，使用手工胶在门帘骨架上涂抹一层薄薄的胶水，这将有助于米珠更牢固地黏附在上面。

（画面切换至涂抹胶水的过程）

接下来，我们可以开始贴米珠了！选择一种颜色的米珠，沿着门帘骨架缓缓贴上，确保每一颗珠子都牢牢地粘在绳子上。

（画面切换至贴米珠的过程）

当我们完成一列后，可以换上另一种颜色，慢慢地将整个门帘骨架都覆盖上美丽的米珠。

（画面切换至贴满整个骨架的过程）

最后，等待胶水完全干透，确保门帘牢固耐用。然后，你就可以将这个美丽的郁金香门帘挂在家里，为居室增添浪漫氛围啦！

（画面切换至挂上门帘并展示效果的过程）

希望大家喜欢这个简单又有趣的手工制作项目，快动手试试吧！记得点赞、分享，让更多的人一起加入手工的行列。下次再见！

026 影视解说类短视频文案的生成

扫码看教学视频

影视解说类短视频文案是指简要介绍电影、电视剧情节描述文字。这类文案一般用语幽默、简洁、具有概括性，能够高度概括影视作品的内容，并以最短的时间和最快的速度传达给受众。在运用AI生成影视解说类短视频文案时，用户要指明影视作品和解说风格。下面将举例介绍具体的操作方法。

CI 提问

请提供一篇影视解说类短视频文案，解说的作品为电影《小妇人》，解说风格为感人、文艺。

ChatGPT

《小妇人》解说短视频文案

一部承载温馨与勇气的电影，《小妇人》如一朵盛开的花朵，绽放着生命的芬芳。这不仅是一部电影，更是一场心灵的触动，带你踏入那个纷繁世界，感受四位姐妹的爱与坚韧。

在这个故事中，姐姐梅格是那束细腻的阳光，为了家庭和爱情，默默付出。她的坚守如同一幅温暖的画卷，让人感动。而乖巧的贝丝，则是音符跃动的精灵，她的音乐承载着她对自由的向往，犹如清风拂过心房。

而最为坚强的是乔，她是那股倔强的力量，用文字书写着她的梦想。她的坚持如同一簇永不凋谢的花朵，绽放在时光的长廊中。而最小的艾米，则是追逐梦想的勇者，她的艺术梦想如彩虹般绚烂，为了梦想，她勇往直前，从不畏惧困难。

这是一场生活的交响曲，姐妹之间相互扶持，追逐梦想，不论岁月如何变迁，友情和家庭始终如一。在电影《小妇人》中，我们看到的不仅是那个时代女性的坚韧与智慧，更是一种关于生命和爱的思考。

当电影画面渐渐退去，留下的是对生命的热爱，对梦想的追求，以及对彼此陪伴的珍惜。或许，我们也能从中找到自己的影子，因为在这个小小的故事里，蕴含着每个人生活中的点点滴滴，温馨、感人、真挚。这不仅仅是一部电影，更是一次心灵的旅程。

027　情感共鸣类短视频文案的生成

扫码看教学视频

情感共鸣类短视频文案是指描述情感类视频内容，并且能够引起受众共鸣的文字。通常情况下，情感共鸣类短视频会以图文的形式来呈现，因此其文案的重点在于标题文案和配图文案。好的标题文案可以吸引受众观看，而合适的配图文案能引起受众的共鸣，并将视频蕴含的情感准确地传递给受众。

用户可以借助AI生成标题文案和配图文案，不过在生成不同的文案时，要及时调整对应的指令。下面将举例介绍具体的操作方法。

步骤 **01** 在ChatGPT的输入框中输入指令，按【Enter】键发送，让ChatGPT生成10条情感共鸣类短视频的标题文案，相关指令和回复内容如下。

CI 提问

我想制作一个情感共鸣类短视频，主题为"每天像太阳一样朝气蓬勃、积极向上"，请为我提供10条短视频标题文案，风格要振奋人心，有吸引力。

⑨ ChatGPT

1. 朝霞初照，人生如日，每天都是新的开始！

2. 阳光洒满心间，积极的你，照亮每一个瞬间！

3. 跟随太阳的步伐，释放内心的正能量！

4. 阳光不打折，我们也要充满活力，迎接每一天的挑战！

5. 正面能量满满！让我们一同拥抱蓬勃的朝阳！

6. 不管外面有多阴云密布，心中永远放一轮太阳，照亮前行的路！

7. 朝阳初升，心情如此灿烂，让我们一同奔赴新的一天！

8. 向着太阳，向着梦想，生活因你而美好！

9. 积极的人生，从早晨开始，让我们每天都充满朝气！

10. 阳光融化一切，正能量点燃人心，让我们一同迎接新的希望！

步骤 02 在同一个聊天窗口的输入框中输入指令，按【Enter】键发送，让 ChatGPT提供10条配图文案，相关指令和回复内容如下。

CI 提问

我打算将视频制作成图文视频的形式，标题为"朝霞初照，人生如日，每天都是新的开始！"配图是4张日出的照片，请为我提供10条配图文案。要求：与配图的内容相符，并契合主题。

ChatGPT

1. 第一缕阳光，唤醒了大地的温柔，也唤醒了我们对新一天的渴望。

2. 橙红的朝霞，是大自然为我们准备的美好礼物，让心灵在清晨舒展。

3. 太阳悄然升起，它告诉我们，每一天都是重新开始的机会，让我们把握住！

4. 晨曦中的光芒，如同生活中的希望，充满了温暖和勇气，一切皆有可能。

5. 朝霞如画，映照出生命的美丽，愿我们的每一天都如这晨曦一般灿烂。

6. 太阳冉冉升起，照亮了前行的路，让我们怀揣希望踏上新的征程！

7. 在晨曦的拥抱中，感受到了一份宁静与力量，让我们积极迎接新的开始。

8. 晨光如丝，轻启人生序幕，让我们以积极向上的心态，拥抱每一天。

9. 朝霞映照出无限可能，新的一天是我们书写奇迹的开始。

10. 清晨的阳光，犹如生命的灵感，给予我们力量去迎接每一个美好的瞬间。

028 电商类短视频文案的生成

电商类短视频文案是指在电商平台上发布的针对商品推广或品牌宣传的短视频中的文字描述内容，它的目的是通过简洁明了的语言表达，引导受众完成购买行为。在借助AI生成电商类短视频文案时，用户要提供商品或品牌的信息，并尽量写明对文案的要求。下面将举例介绍具体的操作方法。

扫码看教学视频

CI 提问

我是一名首饰店铺的宣传人员，最近店铺上新了橄榄石系列的产品，包括项链、耳环、手链、发夹、胸针、吊坠和戒指，我需要制作一个电商短视频来进行宣传推广，请帮我生成对应的标题文案和内容文案。要求：突出每个产品的特点，文案要有吸引力，并配有画面说明。

ChatGPT

标题文案

探寻自然之美，橄榄石系列震撼上新！璀璨首饰，点亮你的独特魅力！

内容文案

画面1：

开篇画面，缓缓展示橄榄石系列的完美设计，伴随着温柔舒缓的音乐，传递出一种自然与华丽的结合。

"项链——唤醒内心深处的宁静之美！橄榄石独特的绿意，为你增添高贵与优雅的气质。"

画面2：

橄榄石耳环在耳畔轻舞，镜头聚焦于耳饰的精致细节。

"耳环——闪耀夺目，为你打造充满灵感的时尚风格。"

画面3：

手链缓缓滑入画面，细腻的链条反映出橄榄石的清新光彩。

"手链——搭配你的每个瞬间，彰显你独特的品味与风采。"

画面4：

发夹夹住一缕飘逸的发丝，展示橄榄石的独特设计，为发型点缀一抹自然之美。

"发夹——让你的发型更添一份小清新，散发出自然的迷人气息。"

画面5：

胸针别在衣物上，凸显细致的工艺与橄榄石独有的色彩。

"胸针——点缀你的日常穿搭，将每一刻都变成独特的风景。"

画面6：

吊坠被轻轻拿在手心，呈现出橄榄石的灵动之美。

"吊坠——佩戴它，感受大自然的呼吸，与优雅相约。"

画面7：

戒指在指尖闪耀，彰显橄榄石的高贵气质。

"戒指——点亮你的每一天，为你的手指增添一份独特的光芒。"

画面8：

整体画面回顾，展示橄榄石系列的丰富品类，搭配店铺信息和优惠活动。

"发现自然之美，尽在我们的橄榄石系列！现在购买，尽享特别优惠！点击链接，即刻拥有属于你的自然之美！[店铺链接]"

通过这样的短视频，可以生动地展示橄榄石系列各款首饰的独特之处，吸引消费者关注和购买。

第 3 章

8个AI绘画平台的使用技巧，掌握生图方法

生成视频的素材从哪里来？除了亲自拍摄，用户也可以通过AI绘画平台和软件来生成需要的图片素材。本章主要介绍Midjourney和文心一格这两个热门AI绘画平台的使用技巧。

3.1 4 个 Midjourney 的绘图技巧

Midjourney是一个通过人工智能技术进行绘画创作的工具，用户在其中输入文字、图片等指令内容，就可以让AI机器人自动创作出符合要求的图片。不过，如果用户想生成高质量的图片，就需要大量地训练AI模型，并掌握一些绘画的高级指令，从而在生成图片时更加得心应手。本节主要介绍4个使用Midjourney进行AI绘图的技巧。

029 imagine指令的使用

扫码看教学视频

【效果展示】：在已经添加了Midjourney Bot的服务器中，用户可以使用imagine（想象）指令和绘画指令，快速生成需要的图片，效果如图3-1所示。

图 3-1　效果展示（1）

下面介绍在Midjourney中使用imagine指令生成图片的具体操作方法。

步骤 01 在Midjourney下面的输入框内输入/（正斜杠符号），在弹出的列表框中选择imagine选项，如图3-2所示，即可调用imagine指令。

图 3-2　选择 imagine 选项

步骤 02 在imagine指令后方的输入框中输入"Using soft candlelight, capture the dessert cake with a shallow depth of field. Place the cake on an exquisite porcelain plate, highlighting its intricate layers and textures. Create a background blur to evoke a cozy and romantic ambiance, showcasing the delightful and enticing dessert experience"（大意为：使用柔和的烛光，用浅景深捕捉甜点蛋糕。将蛋糕放在精美的瓷盘上，突出其复杂的层次和质地。创造一个模糊的背景，营造一个舒适和浪漫的氛围，展示令人愉快和诱人的甜点体验），如图3-3所示。

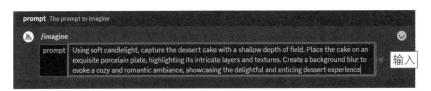

图 3-3　在文本框中输入指令

步骤 03 按【Enter】键，发送指令，Midjourney Bot即准备开始工作，如图3-4所示，稍等片刻，Midjourney即生成4张对应的图片。

图 3-4　Midjourney Bot 准备开始工作

030 U按钮的作用

【效果展示】：在Midjourney生成的图片下方，有一排U按钮，它们的作用是放大选中图的细节，并生成单张的大图效果。如果用户对4张图片中的某张图片感到满意，可以使用U1～U4按钮进行选择，并在相应图片的基础上进行更加细致的刻画，效果如图3-5所示。

扫码看教学视频

图 3-5　效果展示（2）

下面将举例介绍在Midjourney中U按钮的作用。

步骤01 在Midjourney中使用imagine指令和绘画指令，生成4张图片，单击下方的U1按钮，如图3-6所示。

图 3-6　单击 U1 按钮

步骤02 执行操作后，将在第1张图片的基础上进行更加细致的刻画，并放大图片。

★ 专 家 提 醒 ★

用户单击 U 按钮，不仅可以将选择的图片放大，还可以修复图片中存在的一些瑕疵，使图片更精美。

031　V按钮的作用

扫码看教学视频

【效果展示】：单击Midjourney生成的图片下方的V按钮，可以将所选的图片样式作为模板，重新生成图片的变体（即变化的图片），效果如图3-7所示。

图 3-7　效果展示（3）

下面将举例介绍在Midjourney中V按钮的作用。

步骤01 在Midjourney中使用imagine指令和绘画指令，生成4张图片，单击下方的V2按钮，如图3-8所示。

步骤02 执行操作后，Midjourney将会以第2张图片为模板，重新生成4张图片，如图3-9所示。

步骤03 单击U1按钮，即可将喜欢的图片放大。

★ 专 家 提 醒 ★

单击 V 按钮之后，可能会弹出 Remix Prompt（混音提示）对话框，此时只需单击"提交"按钮，确认操作即可。

图 3-8　单击 V2 按钮

图 3-9　重新生成 4 张图片

032　重做按钮的作用

扫码看教学视频

【效果展示】：当用户对生成的图片不太满意时，可以单击重做按钮 ，使用相同的指令重新生成图片，效果如图3-10所示。

图 3-10　效果展示（4）

下面将举例介绍在Midjourney中重做按钮 的作用。

步骤01 在Midjourney中使用imagine指令和绘画指令，生成4张图片，单击图片下方的重做按钮 ，如图3-11所示。

步骤 02 弹出Create images with Midjourney（使用Midjourney创建图像）对话框，单击"提交"按钮，如图3-12所示。

图 3-11　单击重做按钮　　　　　　　　图 3-12　单击"提交"按钮

步骤 03 执行操作后，Midjourney会使用相同的指令，重新生成4张图片，如图3-13所示，单击U4按钮，将喜欢的图片放大。

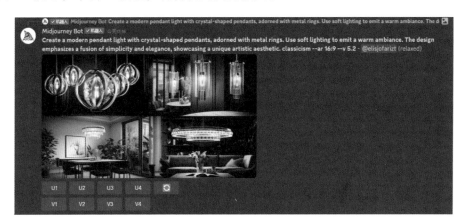

图 3-13　使用相同的指令重新生成图片

3.2　4 个文心一格的生图技巧

文心一格是源于百度在人工智能领域持续研发和创新的一款产品。百度在自然语言处理、图像识别等领域中积累了深厚的技术实力和海量的数据资源，以此为基础不断推进人工智能技术在各个领域的应用。用户可以通过文心一格快速生成高质量的图片，并将其运用到短视频制作中。本节主要介绍4个使用文心一格生成图片素材的技巧。

033　基础参数的设置

扫码看教学视频

【效果展示】：在文心一格中，用户输入指令（在文心一格中也被称为灵感）后，可以对画面类型、比例和数量等基础参数进行设置，从而使生成的图片更贴合需求，效果如图3-14所示。

图3-14　效果展示（5）

下面介绍在文心一格中设置基础参数生成图片的具体操作方法。

步骤 01 切换至"AI创作"页面，在"AI创作"|"推荐"选项卡的指令输入框中，输入"创意婚纱造型设计，衣架上挂着一条漂亮的拖地鱼尾形大裙摆淡紫色婚纱，彩钻，羽毛，祥云，中国风，超广角摄影，居中，16K，逼真、精致、丰富的细节，细腻完美，全景，完整画面，高清"，如图3-15所示。

步骤 02 在"画面类型"选项区中单击"更多"按钮，如图3-16所示。

步骤 03 执行操作后，即可展开"画面类型"选项区，在其中选择"艺术创想"选项，如图3-17所示，即可更改生成图片的画面类型。

★ 专家提醒 ★

文心一格支持的画面类型非常多，包括"智能推荐""唯美二次元""中国风""艺术创想""插画""明亮插画""炫彩插画""梵高""超现实主义""像素艺术"等。需要注意的是，同样的指令，选择不同的画面类型，生成的图片风格也不一样。

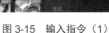

图 3-15　输入指令（1）

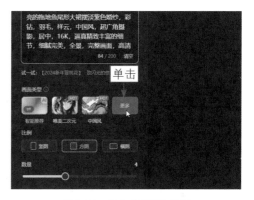

图 3-16　单击"更多"按钮

步骤 04 设置"比例"为"横图"、"数量"为1，单击"立即生成"按钮，如图3-18所示，即可生成一幅"艺术创想"风格的AI绘画作品。

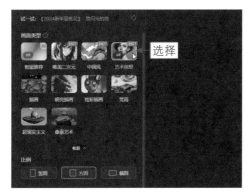

图 3-17　选择"艺术创想"选项

图 3-18　单击"立即生成"按钮

★ 专家提醒 ★

　　在文心一格中，"比例"选项的默认参数为"方图"，"数量"选项的默认参数为4，用户可以根据需要进行修改。另外，由于用户需要使用电量来进行生图，因此在不确定指令的效果时，可以先尝试生成一张图片，如果效果不错，再适当调整指令，生成多张图片。

034　参考图的上传

扫码看教学视频

　　【效果展示】：在文心一格的"自定义"AI绘画模式中，用户输入指令后，可以使用"上传参考图"功能，上传一张图片，从而生成特定内容的图片。参考图与效果图对比如图3-19所示。

图 3-19　参考图与效果图对比

下面介绍在文心一格中上传参考图生成图片的具体操作方法。

步骤 01 在"AI创作"页面中，切换至"AI创作"|"自定义"选项卡，在指令输入框中输入"蓝色钻石戒指，商品摄影，商品主图，高清"，如图3-20所示。

步骤 02 保持"选择AI画师"为"创艺"不变，单击"上传参考图"下方的 **+** 按钮，如图3-21所示。

图 3-20　输入指令（2）

图 3-21　单击相应的按钮

步骤 03 弹出"打开"对话框，选择要上传的参考图，单击"打开"按钮，如图3-22所示。

步骤 04 执行操作后，即可上传参考图，设置"影响比重"参数为8，如图3-23所示，加大参考图的影响。

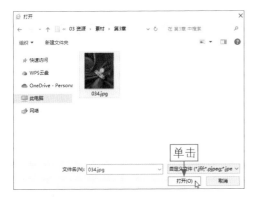

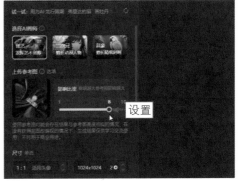

图 3-22　单击"打开"按钮　　　　　图 3-23　设置"影响比重"参数

步骤 05 保持"尺寸"为 1∶1 不变，设置"数量"为 1，单击"立即生成"按钮，即可生成一张蓝色钻戒的商品主图。

035　自定义指令的设置

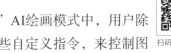

扫码看教学视频

【效果展示】：在文心一格的"自定义"AI 绘画模式中，用户除了可以上传参考图辅助生图，还可以设置一些自定义指令，来控制图片的风格和内容，效果如图 3-24 所示。

图 3-24　效果展示（6）

下面介绍在文心一格中设置自定义指令生成图片的具体操作方法。

步骤 01 在"AI 创作"|"自定义"选项卡的指令输入框中输入"古典香水

瓶，自然光渲染，粉色花朵背景，产品图，高清"，如图3-25所示。

步骤02 保持"选择AI画师"为"创艺"不变，设置"尺寸"为16：9、"数量"为1，如图3-26所示。

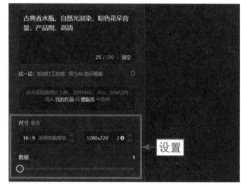

图 3-25　输入指令（3）　　　　图 3-26　设置"尺寸"和"数量"选项

步骤03 单击"画面风格"下方的输入框，在弹出的面板中单击"矢量画"标签，如图3-27所示，即可将该标签添加到输入框中，将图片的"画面风格"设置为"矢量画"。

步骤04 用与上面相同的方法，在"修饰词"下方的输入框中添加"摄影风格"和"cg渲染"标签，如图3-28所示。

图 3-27　单击"矢量画"标签　　　　图 3-28　添加两个标签

步骤05 在"不希望出现的内容"下方的输入框中，输入"文字"，如图3-29所示，按【Enter】键确认，即可添加一个"文字"标签。

步骤06 单击"立即生成"按钮，如图3-30所示，即可生成品质更高且更具有摄影感的商品图片。

图 3-29　输入"文字"

图 3-30　单击"立即生成"按钮

★ 专 家 提 醒 ★

CG 是计算机图形（computer graphics）的缩写，指的是使用计算机来创建、处理和显示图形的技术。

036　灵感模式功能的开启

扫码看教学视频

【效果展示】：开启文心一格的"灵感模式"功能后，可以让 AI 对指令进行改写，有概率提升画作风格的多样性，当一次创作多张图片时使用该功能的效果更好，效果如图3-31所示。

图 3-31　效果展示（7）

下面介绍在文心一格中开启"灵感模式"功能生成图片的具体操作方法。

步骤01 在"AI创作"|"推荐"选项卡的指令输入框中，输入"彩色跑鞋，

流线，透明材质硅胶质感，赛博朋克背景，超现实，夸张未来主义造型，丰富想象力，科技感"，如图3-32所示。

步骤 02 保持"画面类型"为"智能推荐"不变，设置"比例"为"方图"、"数量"为2，开启"灵感模式"功能，如图3-33所示。

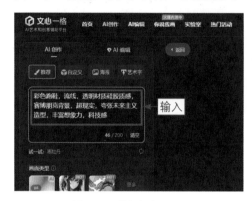

图 3-32 输入指令（4）

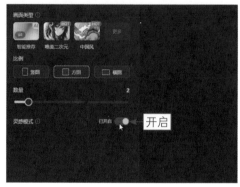

图 3-33 开启"灵感模式"功能

步骤 03 单击"立即生成"按钮，即可生成两张跑鞋图片，单击第1张图片，如图3-34所示。

图 3-34 单击第 1 张图片

步骤 04 执行操作后，即可放大查看第1张图片，将鼠标指针移至图片下方的"复制灵感改写"按钮上，会显示经过AI改写后的灵感（即指令）内容，如图3-35所示。

图 3-35　显示 AI 改写后的灵感内容

★ 专家提醒 ★

需要注意的是，并不是每张图片的灵感都会被改写，而且每次改写的内容也都不相同。另外，AI 灵感改写可能会使生成的画面与原始指令要求的不一致。

第 4 章

11个AI生图指令和功能的
使用技巧，轻松创作素材

在运用AI创作图片素材时，用户主要采用以文生图和以图生图这两种方法，而这两种方法都涉及了不同绘画指令和功能的使用。本章以Midjourney为例，介绍该平台中以文生图和以图生图的相关指令和功能的使用技巧。

4.1　5 个以文生图参数指令的使用技巧

以文生图是一种将文字信息转化为图形表示的过程，将文本信息转化为图形表示，可以更直观地展示或呈现文本的结构、关系或其他特征。

在 Midjourney 中，以文生图主要使用 imagine 指令和绘画指令来完成。而在绘画指令中，用户可以通过各种参数指令来改变 AI 绘画的效果。本节将介绍 5 个 Midjourney 参数指令的使用技巧，让用户在生成 AI 绘画作品时更加得心应手。

037　纵横比指令的使用

扫码看教学视频

【效果展示】：aspect rations（横纵比）指令用于更改生成图像的宽高比，通常写成 --aspect 或 --ar，后方用冒号分割两个数字，比如 7：4 或者 4：3。需要注意的是，aspect rations 指令中的冒号为英文字体格式，并且数字必须为整数。Midjourney 的默认宽高比为 1：1，用户可以使用该指令生成 16：9 的图片，效果如图 4-1 所示。

图 4-1　效果展示（1）

下面将介绍在 Midjourney 中使用纵横比指令调整图片尺寸的具体操作方法。

步骤 01 在 Midjourney 中，使用 imagine 指令和绘画指令，生成 4 张方形图片，如图 4-2 所示，可以看到，由于没有添加纵横比指令，因此 4 张图片的尺寸都是 1：1。

步骤 02 使用相同的指令，并在指令后方加上 --ar 16：9（与前面的指令需要用空格隔开），按【Enter】键发送，即可生成 4 张尺寸为 16：9 的图片，如图 4-3 所示，单击 U3 按钮，将喜欢的图片放大欣赏。

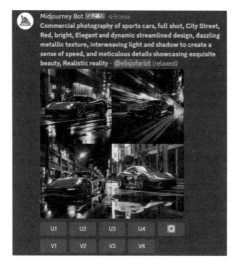

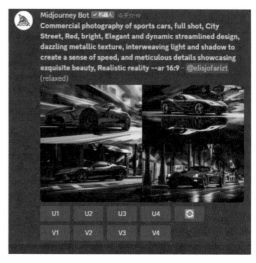

图 4-2　生成 4 张方形图片　　　　图 4-3　生成 4 张尺寸为 16 ∶ 9 的图片

038　质量指令的使用

【效果展示】：在指令后面加--quality（质量）指令，可以改变图片生成的质量。一般来说，--quality（简写为--q）指令后的数字越大，生成的图片质量就越高，不过高质量的图片需要更长的时间来处理细节，效果如图4-4所示。

图 4-4　效果展示（2）

下面将介绍在Midjourney中使用质量指令提高图片质量的具体操作方法。

步骤 01　在Midjourney中，通过imagine指令输入绘画指令，并在指令后方加上--quality .25指令，按【Enter】键发送，即可以最快的速度生成细节模糊的图

66

片效果，如图4-5所示，可以看到画面中的很多细节是比较模糊的。

步骤02 通过imagine指令输入相同的指令，并在指令的结尾加上--quality 1.0 指令，按【Enter】键发送，即可生成细节清晰的图片，效果如图4-6所示，单击 U4按钮，将喜欢的图片放大欣赏。

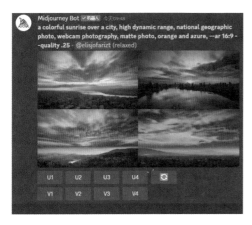
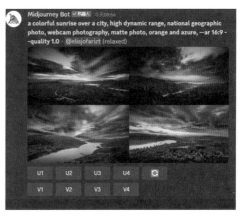

图 4-5　生成细节模糊的图片效果　　　　图 4-6　生成细节清晰的图片效果

★ 专 家 提 醒 ★

注意，Midjourney 中指令的参数值如果为小数（整数部分是 0）时，只需加小数点即可，前面的 0 不用写。

039　chaos指令的使用

【效果展示】：在Midjourney中使用--chaos（简写为--c）指令，可以影响图片生成结果的变化程度，能够激发AI模型的创造能力，值（范围为0～100，默认值为0）越大AI模型就会有更多自己的想法，效果如图4-7所示。

扫码看教学视频

下面将介绍在Midjourney中使用chaos指令提高图片差异化的具体操作方法。

步骤01 在Midjourney中，通过imagine指令输入绘画指令，并在指令后方加上--chaos 5指令，按【Enter】键发送，即可生成4张风格和构图比较相似的图片，效果如图4-8所示。

步骤02 通过imagine指令输入相同的指令，并在指令的结尾加上--chaos 95指令，按【Enter】键发送，即可生成风格和构图差异较大的图片，效果如图4-9所示，单击U1按钮，将喜欢的图片放大欣赏。

图 4-7　效果展示（3）

图 4-8　生成 4 张风格和构图比较相似的图片效果　　图 4-9　生成风格和构图差异较大的图片效果

040　版本指令的使用

扫码看教学视频

【效果展示】：从2022年4月至2024年2月，Midjourney已经发布了version 1、version 2、version 3、version 4、version 5.0、version 5.1、version 5.2、version 6.0等版本，用户可以通过在指令后面添加--version（版本，也可缩写为--v）1/2/3/4/5.0/5.1/5.2/6.0来调用不同的版本。例如，与version 4版本相比，version 6.0版本生成的图片画面真实感更强，效果如图4-10所示。

图 4-10　效果展示（4）

　　下面将介绍在Midjourney中使用版本指令生成真实感更强的图片效果的具体操作方法。

　　步骤01 在Midjourney中，通过imagine指令输入绘画指令，并在指令后方添加--v 4指令，按【Enter】键发送，即可使用version 4版本生成图片，如图4-11所示。

　　步骤02 通过imagine指令输入相同的指令，并在指令的结尾加上--v 6.0指令，按【Enter】键发送，即可使用version 6.0版本生成图片，如图4-12所示，可以看出，version 6.0版本比version 4版本生成的图片画面的真实感更强，分别单击U1和U4按钮，将喜欢的图片放大欣赏。

图 4-11　使用 version 4 版本生成图片　　　　图 4-12　使用 version 6.0 版本生成图片

041 风格化指令的使用

【效果展示】：在Midjourney中使用stylize（风格化）指令，可以让生成的图片更具有艺术性，效果如图4-13所示。

图 4-13 效果展示（5）

下面将介绍在Midjourney中使用风格化指令提升图片艺术性的具体操作方法。

步骤 01 在Midjourney中，通过imagine指令输入绘画指令，并在指令后方添加--stylize 30指令，按【Enter】键发送，即可生成4张图片，如图4-14所示。

图 4-14 使用 30 风格化参数值生成的图片

步骤 02 通过imagine指令输入相同的指令，并在指令的结尾加上--stylize 300指令，按【Enter】键发送，即可生成图片，如图4-15所示，可以看出，相较于30

参数值生成的图片，300参数值生成的图片艺术性更强，单击U4按钮，将喜欢的图片放大欣赏。

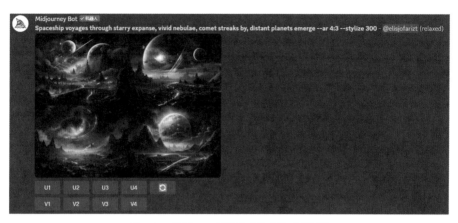

图 4-15 使用 300 风格化参数值生成的图片

★ 专家提醒 ★

需要注意的是，较低的 --stylize 值生成的图片与指令密切相关，但艺术性较差；而较高的 --stylize 值生成的图片非常有艺术性，但与指令的关联性较低。

4.2 6 个以图生图指令和功能的使用技巧

以图生图是一种通过提供图片，并借助指令和功能重新生成相应图片的技术。在Midjourney中，用户可以通过describe（描述）指令、iw指令和blend（混合）指令来进行以图生图的操作，还可以使用混音模式、Zoom out（缩小）功能、Make Square（制作方形）功能和平移扩图功能对生成的图片进行调整，从而获得新的图片效果。

042 describe指令和iw指令的使用

【效果展示】：在Midjourney中，用户可以使用describe指令获取图片的提示，然后再根据提示内容和图片链接来生成类似的图片，这个过程就称为以图生图，也称为"垫图"。而在以图生图的过程中，使用iw指令可以提升图像权重，即调整提示的图像（参考图）与文本部分（提示词）的重要性。用户使用的iw值（.5～2）越大，表明上传的图片对输出的结果影响越大。素材图与效果图对比如图4-16所示。

扫码看教学视频

图 4-16　素材图与效果图对比

下面将介绍在Midjourney中使用describe指令和iw指令进行以图生图的具体操作方法。

步骤01 在Midjourney下方的输入框中输入/，在弹出的列表框中选择describe指令，在"选项"列表框中选择image（图像）选项，在输入框中单击"上传"按钮，如图4-17所示。

步骤02 弹出"打开"对话框，选择要上传的图片，单击"打开"按钮，如图4-18所示，即可将图片添加到Midjourney的输入框中。

图 4-17　单击上传按钮

图 4-18　单击"打开"按钮

步骤03 按两次【Enter】键确认，将describe指令和图片发送给Midjourney，Midjourney会根据图片生成4段指令，如图4-19所示，用户可以通过复制指令或单击下面的1～4按钮，以该图片为模板生成新的图片。

步骤04 单击上传的图片，在弹出的预览图右下角单击"在浏览器中打开"超链接，弹出提示框，如图4-20所示，显示图片地址已经复制。

图 4-19　生成 4 段指令

图 4-20　弹出提示框

步骤 05 关闭提示框，单击指令下方的1按钮，在弹出的Imagine This!（想象一下！）对话框中，在指令的起始位置按【Ctrl+V】组合键粘贴复制的图片地址，并添加一个空格，与指令隔开，在指令的结束位置添加--iw 2指令，单击"提交"按钮，如图4-21所示，即可发送更改后的指令。

步骤 06 稍等片刻，Midjourney会生成4张与参考图的风格极其相似的图片，效果如图4-22所示，单击U3按钮，生成第3张图的大图效果。

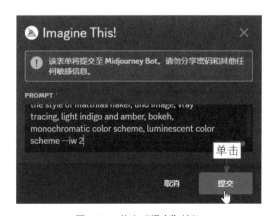

图 4-21　单击"提交"按钮

图 4-22　生成与参考图相似的图片效果

043　blend指令的使用

扫码看教学视频

【效果展示】：用户可以使用blend指令快速上传2～5张图片，然后查看每张图片的特征，并将它们混合生成一张新的图片，效果如图4-23所示。

图 4-23　效果展示（6）

下面将介绍在Midjourney中使用blend指令进行混合生图的操作方法。

步骤 01 在Midjourney下面的输入框内输入/，在弹出的列表框中选择blend指令，出现两个图片框，单击左侧图片框的"上传"按钮，如图4-24所示。

步骤 02 弹出"打开"对话框，选择相应的图片，单击"打开"按钮，如图4-25所示，将图片添加到左侧的图片框中。

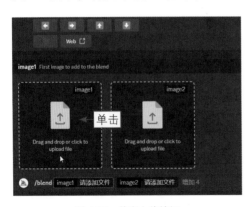
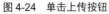

图 4-24　单击上传按钮

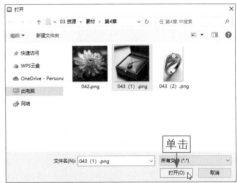

图 4-25　单击"打开"按钮

步骤 03 用同样的方法在右侧的图片框中添加一张图片，连续按两次

【Enter】键，Midjourney会自动完成图片的混合操作，并生成4张新的图片，如图4-26所示，单击U1和U2按钮，放大第1张和第2张图片。

图 4-26　生成 4 张新图片

044　混音模式的使用

扫码看教学视频

【效果展示】：使用Midjourney的混音模式（Remix mode）可以更改指令、参数、模型版本或变体之间的横纵比，让AI绘画变得更加灵活、多变，效果如图4-27所示。

图 4-27　效果展示（7）

下面将介绍在Midjourney中使用混音模式进行以图生图的操作方法。

步骤01 在Midjourney下方的输入框内输入/，在弹出的列表框中选择settings

指令，按【Enter】键确认，即可调出Midjourney的设置面板，单击Remix mode按钮，如图4-28所示，即可开启混音模式（按钮显示为绿色）。

步骤02 使用imagine指令和绘画指令，生成4张图片，单击V4按钮，在弹出的Remix Prompt（混音提示）对话框中，适当修改其中的某个指令，如将red（红色）改为yellow（黄色），单击"提交"按钮，如图4-29所示。

图 4-28　单击 Remix mode 按钮　　　　　图 4-29　单击"提交"按钮

步骤03 执行操作后，即可重新生成相应的图片，将图中花瓶的颜色从红色改成黄色，如图4-30所示，单击U4按钮，将图片放大欣赏。

图 4-30　重新生成相应的图片效果

045　Zoom out功能的使用

扫码看教学视频

【效果展示】：Zoom out（拉远）功能可以将图片的镜头拉远，在同一张图片上多次拉远，可以使图片捕捉到的范围更大，在图片主体周围生成更多的细节。拉远前后的图片效果对比如图4-31所示。

图 4-31　效果对比展示（1）

下面将介绍在Midjourney中使用Zoom out功能对图片进行拉远的操作方法。

步骤 01　使用imagine指令和绘画指令，生成一组图片，单击U2按钮，将第2张图片放大，单击图片下方的Zoom Out 2x（拉远两倍）按钮，如图4-32所示。

步骤 02　执行操作后，Midjourney将在原图的基础上，生成4张将画面拉远至两倍大小的图片，如图4-33所示，单击U1按钮，将图片放大。

图 4-32　单击 Zoom Out 2x 按钮　　　　图 4-33　生成 4 张拉远后的图片

★ 专 家 提 醒 ★

Zoom Out 按钮允许将画布扩展到其原始边界之外，而不更改原图片的内容，新扩展的画布将根据提示和原始图像进行填充。

需要注意的是，只有在生成某张图的放大图之后，才能单击 Zoom 的相关按钮，对图片进行拉远（缩放）。其中，Zoom Out 2x 是将图片拉远两倍；Zoom Out 1.5x 是将图片拉远 1.5 倍；而 Custom（自定义）则是将图片进行自定义拉远。

046　Make Square功能的使用

【效果展示】：有时候，用户为了生成符合自身需求的图片，会对图片的尺寸进行设置。此时，用户如果想要生成1∶1的方形图片，可以先放大对应的图片，然后再单击Make Square（制作方形）按钮。原图片与生成的方形图片效果对比如图4-34所示。

扫码看教学视频

图 4-34　效果对比展示（2）

下面将介绍在Midjourney中使用Make Square功能生成方形图片效果的具体操作方法。

步骤01 使用imagine指令和绘画指令，生成一组图片，单击U1按钮，将第1张图片放大，单击图片下方的Make Square按钮（生成的指令中不会显示Make Square，而是显示Zoom Out），如图4-35所示。

步骤02 执行操作后，即可重新生成4张方形的图片，如图4-36所示，单击U3按钮，将第3张图片放大。

图 4-35　单击 Make Square 按钮

图 4-36　重新生成方形的图片

047　平移扩图功能的使用

扫码看教学视频

【效果展示】：平移扩图功能可以生成图片外的场景，用户可以通过单击相应的上下左右箭头按钮 ← → ↑ ↓ 来选择图片所需要扩展的方向。平移前后效果对比如图4-37所示。

图 4-37　平移前后效果对比展示

下面将介绍在Midjourney中使用平移扩图功能扩展图片内容的操作方法。

步骤01 使用imagine指令和绘图指令生成4张图片，单击U2按钮，将其放大，单击图片下方的右箭头按钮 ➡️ ，如图4-38所示。

步骤02 稍等片刻，Midjourney会在原图的基础上，向右进行平移扩图，生成4张新的图片，如图4-39所示，单击U3按钮，将图片放大欣赏。

图 4-38　单击右箭头按钮

图 4-39　生成的 4 张新图片

★ 专 家 提 醒 ★

需要注意的是，平移扩图功能在同一张图片上无法同时进行水平和垂直平移，并且一旦使用平移扩图功能，用户就无法再使用 V 按钮，图片的底部只会显示 U 按钮。

第 5 章

10个AI文生视频的方法和步骤，快速实现文字成片

文生视频指的是用户将文本作为指令，让AI生成相应的视频。常见的文生视频的方法有运用剪映电脑版的"图文成片"功能、腾讯智影的"文章转视频"功能、一帧秒创的"图文转视频"功能和Runway的Text / Image to Video功能。

5.1　2个运用剪映电脑版进行文生视频的方法

剪映电脑版的"图文成片"功能既支持使用文本生成视频，又支持使用文章链接生成视频。另外，"图文成片"功能还可以帮助用户进行AI文案创作，让用户在一个软件内就能完成文案和视频的生成。

在生成视频的过程中，用户可以对朗读音色和成片方式进行设置。生成视频后，用户还可以对字幕和素材进行调整，从而获得更独特的视频效果。

048　运用AI生成文案和视频的方法

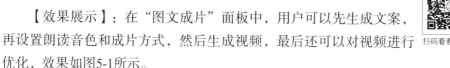

【效果展示】：在"图文成片"面板中，用户可以先生成文案，再设置朗读音色和成片方式，然后生成视频，最后还可以对视频进行优化，效果如图5-1所示。

扫码看教学视频

图 5-1　效果展示（1）

下面介绍运用AI生成文案和视频的具体操作方法。

步骤01 打开剪映电脑版，在首页单击"图文成片"按钮，如图5-2所示，即可弹出"图文成片"面板。

步骤02 在"图文成片"面板中，选择左侧的"自定义输入"选项，输入"请以牡丹花为主题，写一篇短视频文案，80字以内，突出牡丹的美"，单击"生成文案"按钮，如图5-3所示，即可开始智能创作文案。

图 5-2　单击"图文成片"按钮

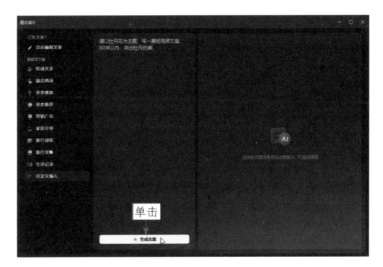

图 5-3　单击"生成文案"按钮

步骤 03 稍等片刻，AI会提供3个文案，选择比较满意的一个，并进行适当调整，设置朗读音色为"舌尖解说"，单击右下角的"生成视频"按钮，在弹出的"请选择成片方式"列表框中选择"使用本地素材"选项，如图5-4所示，即可开始生成对应的视频，并显示视频生成进度。

步骤 04 生成结束后，即可进入剪映的视频编辑界面，由于上一步选择使用本地素材进行生成，因此生成的视频只有字幕、朗读音频和背景音乐，用户需要自行添加素材，在"媒体"功能区的"本地"选项卡中单击"导入"按钮，如图5-5所示。

图 5-4　选择"使用本地素材"选项

步骤05 弹出"请选择媒体资源"对话框，全选需要的素材，单击"打开"按钮，如图5-6所示，即可将素材导入"本地"选项卡中。

图 5-5　单击"导入"按钮

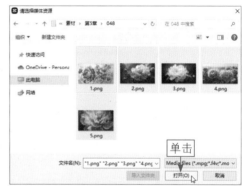

图 5-6　单击"打开"按钮

步骤06 在添加素材之前，用户可以先对字幕、朗读音频和背景音乐进行调整，选择第1段字幕，在"文本"操作区的"基础"选项卡中，在适当位置添加一个逗号，如图5-7所示，系统会根据修改后的字幕重新生成对应的朗读音频。

步骤07 在"基础"选项卡中，更改文字字体，设置"字号"参数为7，如图5-8所示，让字幕更美观，设置的字体和字号效果会同步到其他字幕上。

步骤08 在其他字幕的适当位置添加标点符号。由于调整字幕后，字幕和朗读音频的时长发生了变化，轨道中出现了一些空白，用户可以调整字幕和朗读音频的位置，使它们紧密排列，并根据字幕和朗读音频的总时长，调整背景音乐的时长，如图5-9所示。

图 5-7　添加一个逗号

图 5-8　设置"字号"参数

步骤09 在"本地"选项卡中，全选素材，单击第1段素材右下角的"添加到轨道"按钮➕，如图5-10所示，即可将素材按顺序添加到轨道中。

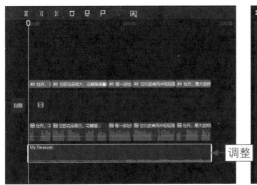

图 5-9　调整背景音乐的时长

图 5-10　单击"添加到轨道"按钮

步骤10 在视频轨道中，根据字幕和朗读音频的时长，分别调整每段素材的时长，如图5-11所示，即可完成视频的制作。

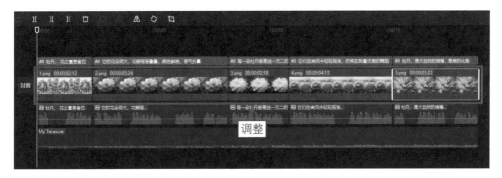

图 5-11　分别调整每段素材的时长

049 运用文章链接生成视频的方法

扫码看教学视频

【效果展示】：目前，"图文成片"功能只支持头条号的文章链接，用户将复制的文章链接粘贴到对应的文本框中后，单击"获取文字"按钮，可以自动提取文章中的文本，在对文本进行适当的修改后，即可进行视频的生成，效果如图5-12所示。

图 5-12　效果展示（2）

下面介绍运用文章链接生成视频的具体操作方法。

步骤 01 打开今日头条网页版，在主页的搜索框中输入文章关键词"风光摄影审美"，如图5-13所示，单击 🔍 按钮，即可进行搜索。

图 5-13　输入文章关键词

步骤 02 在"头条搜索"页面中，单击相应文章的标题，如图5-14所示，即可进入文章详情页面，查看这篇文章。

图 5-14　单击相应文章的标题

步骤 03 在文章详情页面的左侧，将鼠标指针移至"分享"按钮上，在弹出的列表中选择"复制链接"选项，如图5-15所示，即可弹出"已复制文章链接 去分享吧"的提示，完成文章链接的复制。

图 5-15　选择"复制链接"选项

步骤 04 在剪映首页单击"图文成片"按钮，弹出"图文成片"面板，在左侧选择"自由编辑文案"选项，如图5-16所示。

步骤 05 进入"自由编辑文案"界面，在左下方单击 按钮，弹出链接粘贴框，按【Ctrl+V】组合键，粘贴复制的链接，单击"获取文字"按钮，如图5-17所示，即可获取文章的文字内容，并自动将文字填写到文字窗口中。

图 5-16　选择"自由编辑文案"选项

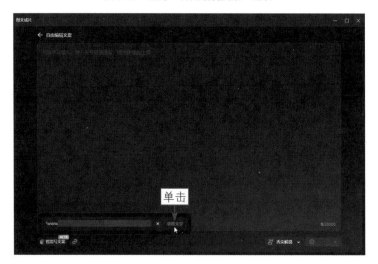

图 5-17　单击"获取文字"按钮

步骤 06 调整获取的文本内容，设置朗读音色为"纪录片解说"，单击"生成视频"按钮，在弹出的"请选择成片方式"列表框中，选择"智能匹配素材"选项，如图5-18所示，即可开始生成视频。

步骤 07 生成结束后，进入视频编辑界面，预览视频效果，选择第5段字幕，在"文本"操作区中，在合适的位置添加一个逗号，如图5-19所示，使字幕断句更清晰，并重新生成朗读音频。

步骤 08 在"文本"操作区中，设置一款合适的文字字体，如图5-20所示，在其他字幕的适当位置添加标点符号，即可完成视频的制作。

图 5-18　选择"智能匹配素材"选项

图 5-19　添加一个逗号

图 5-20　设置文字字体

★ 专 家 提 醒 ★

本案例主要是为了演示使用文章链接生成视频和智能匹配素材的方法与效果，用户在实际操作时，最好添加自己的素材来制作视频。这样既能获得更独特和更个性的视频效果，又能避免版权问题。

5.2　3 个运用腾讯智影实现文生视频的步骤

利用腾讯智影的"文章转视频"功能可以根据用户提供的文本指令，进行AI匹配，从而生成视频。用户可以先使用ChatGPT生成视频文案，再将生成的文案复制并粘贴至"文章转视频"页面的文本框中，然后生成视频。另外，用户也可以对生成的视频效果进行调整，以获得更美观的画面效果，如图5-21所示。

图 5-21　效果展示（3）

050　短视频文案的创作

扫码看教学视频

用户在使用ChatGPT生成视频文案时，可以先查看ChatGPT对文案主题的了解程度，再让ChatGPT根据主题生成对应的文案，具体操作方法如下。

步骤 01 在ChatGPT的输入框中输入指令，按【Enter】键发送，查看ChatGPT对狮子的了解程度，相关指令和回复内容如下。

CI 提问

你了解狮子吗？

ChatGPT

是的，我了解狮子。狮子是大型的肉食动物，属于猫科。它们通常被认为是"大猫"之一，因为它们具有强大的体型和壮丽的鬃毛。以下是一些关于狮子的基本信息：

1. 外观：雄性狮子通常比雌性更大，体重可超过200公斤。雄性狮子的显著特征是浓密的鬃毛，并在颈部形成一种鬃毛领，使它们更容易被识别。雌性狮子相对较小，通常体重在120～180千克。

2. 分布：狮子曾经分布广泛，但由于栖息地的减少、人类活动和其他威胁，它们的数量在过去几十年中有所减少。目前，非洲南部和印度的一些地区仍然有野生狮群。

3. 社会结构：狮子是社交性动物，生活在群体中，被称为"狮群"或"狮族"。典型的群体中包括一到多只雄性和多只雌性，通常由雌性亲缘关系密切的个体组成。

4. 狩猎和食性：狮子是肉食动物，以草食动物为主食，如角马、斑马、水牛等。雄性狮子通常负责狩猎，而雌性则负责照顾幼崽和协助捕猎。

5. 繁殖：狮子没有固定的交配季节，雌性在一年中的任何时候可以生育。怀孕期大约为110天，一般会在隐蔽的地方生产1～6只幼崽。

6. 保护现状：狮子面临一些威胁，包括栖息地的丧失、人类与狮子之间的冲突、非法狩猎等。由于这些威胁，狮子被列为易危物种。

总体而言，狮子在野外生存面临一些挑战，但它们仍然是令人惊叹和受人喜爱的动物之一。

步骤02 在同一个聊天窗口的输入框中输入指令，按【Enter】键发送，让ChatGPT生成短视频文案，相关指令和回复内容如下。

提问

以"狮子"为主题，写一篇短视频文案，不超过100字。

ChatGPT

狮子，力量的象征，荣耀的化身。它们的鬃毛舞动如黄金涌流，每一步都是对草原的宣誓。在阳光的照射下，狮子的目光中蕴含着无尽的威严。这就是狮子，大地之王，狩猎的艺术家，永不屈服的自由灵魂。

051　视频雏形的生成

扫码看教学视频

用户需要复制并保存ChatGPT创作的文案，然后就可以在腾讯智影中进行视频雏形的生成了，具体操作方法如下。

步骤01 进入腾讯智影的"创作空间"界面，单击"文章转视频"按钮，如图5-22所示，进入"文章转视频"界面。

图 5-22　单击"文章转视频"按钮

步骤 02 在文字窗口中粘贴ChatGPT创作的文案，设置"视频比例"为"横屏"，其他设置保持不变，单击"生成视频"按钮，如图5-23所示，即可开始生成视频，并显示进度。

图 5-23　单击"生成视频"按钮

★ 专 家 提 醒 ★

在"文章转视频"界面中，"成片类型"默认为"通用"，"视频比例"默认为"竖屏"，"朗读音色"为用户上一次生成视频时使用的音色，"背景音乐"则是随机提供的，用户可以根据需求进行更改。

步骤 03 稍等片刻，即可进入视频编辑界面，查看生成视频效果，如图5-24

所示，可以看到，现在生成的视频效果不太美观，因此只能算一个雏形，用户最好再对视频进行优化。

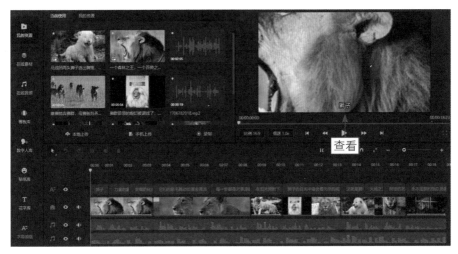

图 5-24　查看视频效果

052　视频效果的优化

优化视频效果的方法有很多种，例如替换素材、设置字幕样式和更换背景音乐等。本节以替换素材为例，介绍在腾讯智影中上传本地素材进行替换的方法。

扫码看教学视频

步骤 01　在视频编辑界面中，切换至"我的资源"|"我的资源"选项卡，单击"本地上传"按钮，如图5-25所示，弹出"打开"对话框。

步骤 02　全选所有素材，单击"打开"按钮，如图5-26所示，即可将所有素材上传到"我的资源"选项卡中。

图 5-25　单击"本地上传"按钮

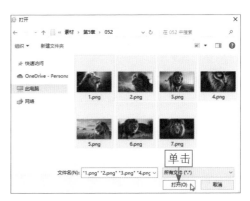

图 5-26　单击"打开"按钮

步骤 03 单击第1段素材上的"替换素材"按钮，如图5-27所示。

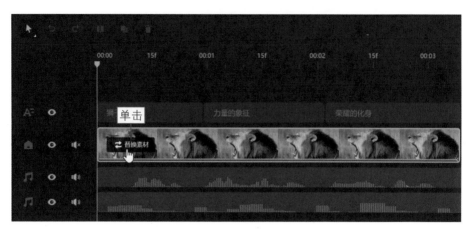

图 5-27 单击"替换素材"按钮

步骤 04 弹出"替换素材"面板，切换至"我的资源"选项卡，选择相应的素材，如图5-28所示，即可查看替换效果。

图 5-28 选择相应的素材

步骤 05 单击"替换"按钮，如图5-29所示，即可完成第1段素材的替换。

步骤 06 用户也可以选择第2段素材，按住鼠标左键将其拖曳至轨道上的第2个片段上，当片段上显示"替换"时，释放鼠标左键，弹出"替换素材"面板，单击"确定"按钮，如图5-30所示，完成替换。用户选择自己喜欢的方式，完成剩下素材的替换，即可完成视频的制作。

图 5-29　单击"替换"按钮

图 5-30　单击"确定"按钮

步骤07 在页面的右上方单击"合成"按钮，弹出"合成设置"面板，修改视频名称，单击"合成"按钮，如图5-31所示，即可开始合成视频，并跳转至"我的资源"界面，显示合成进度。合成结束后，用户可以将视频下载到本地。

图 5-31　单击"合成"按钮

5.3　3 个运用一帧秒创进行文生视频的步骤

一帧秒创是一个AI内容生成平台，用户可以先运用ChatGPT生成文案，再输入文案进行视频的生成。另外，如果用户对视频效果有自己的想法，还可以对视频素材进行替换，让视频更符合用户的需求。本节将详细介绍使用一帧秒创进行文生视频的3个步骤，视频效果如图5-32所示。

图 5-32　视频效果展示

053　口播文案的生成和调整

扫码看教学视频

　　用户在使用ChatGPT生成口播文案后，可以根据自己准备的素材，对文案进行调整，从而使文案和画面更匹配，具体操作方法如下。

　　步骤01 在ChatGPT的输入框中输入指令，按【Enter】键发送，查看ChatGPT对房产的了解程度，相关指令和回复内容如下。

提问

策划一个房产短视频的口播文案，主要介绍江景房的优势和装修，写100字。

ChatGPT

　　迎着晨曦，与江相伴；这是一座居所，不仅有房，更有一方江景。窗外波光粼粼，宛如画卷般展开。豪华装修，尽显品位，每一处细节都是生活的注解。在这里，享受都市繁华，又拥抱大自然的恩赐。江景房，不仅是居所，更是梦想的起航点。感受生活，从江景开始。

步骤02 选择生成的文案，在文案上单击鼠标右键，在弹出的快捷菜单中选择"复制"命令，将其复制一份。打开记事本，按【Ctrl+V】组合键粘贴文案，在记事本中对文案进行调整，如图5-33所示，按【Ctrl+S】组合键保存。

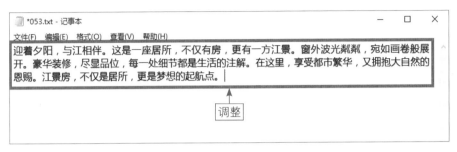

图 5-33 对文案进行调整

054 视频的一键生成

用户获得文案后，就可以在一帧秒创中借助"图文转视频"功能进行视频的生成，具体操作方法如下。

步骤01 进入一帧秒创首页，单击"图文转视频"按钮，进入"图文转视频"界面，粘贴修改好的文案，单击"下一步"按钮，如图5-34所示。

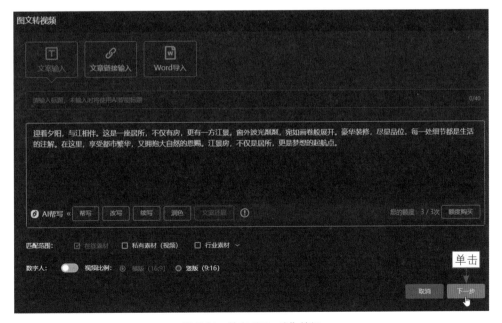

图 5-34 单击"下一步"按钮

步骤 02 稍等片刻，进入"编辑文稿"界面，系统会自动对文案进行分段。在生成视频时，每一段文案就对应一段素材。修改"标题"，设置"请选择分类"为"全部"，在需要分段的位置插入光标，按【Enter】键确认，即可完成分段，单击"下一步"按钮，如图5-35所示，开始生成视频。

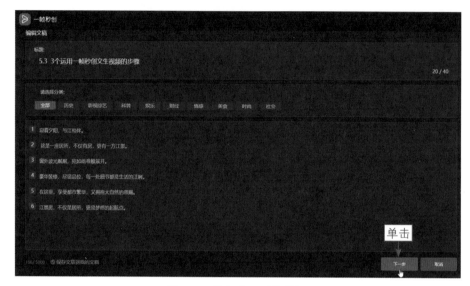

图 5-35 单击"下一步"按钮

步骤 03 视频生成后，即可进入编辑界面，查看生成的视频效果，如图5-36所示。

图 5-36 查看生成的视频效果

055　素材的上传与替换

扫码看教学视频

　　如果用户想让生成的视频更具独特性，可以用自己的素材进行替换，从而获得独一无二的视频效果，具体操作方法如下。

步骤01 将鼠标指针移至第1段素材上，在文字下方显示的工具栏中单击"替换"按钮，如图5-37所示。

图 5-37　单击"替换"按钮

步骤02 执行操作后，弹出相应的面板，用户可以选择在线素材、AI作画的效果、AI视频、表情包、最近使用的素材或收藏的素材进行替换。如果用户要用自己的素材进行替换，首先要上传素材。切换至"我的素材"选项卡，单击右上角的"本地上传"按钮，如图5-38所示。

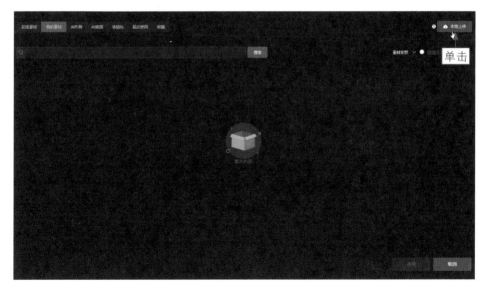

图 5-38　单击"本地上传"按钮

步骤 03 执行操作后，弹出"打开"对话框，选择要上传的第1段素材，单击"打开"按钮，如图5-39所示，返回"我的素材"选项卡，稍等片刻，即可完成上传。

图 5-39 单击"打开"按钮

步骤 04 在"我的素材"选项卡中选择上传的素材，在右侧预览替换后的效果，单击"使用"按钮，如图5-40所示，即可完成素材的替换。用同样的方法继续上传剩下的素材，并依次进行替换。

图 5-40 单击"使用"按钮

步骤 05 单击界面右上角的"生成视频"按钮，进入"生成视频"界面，单击"确定"按钮，如图5-41所示，即可跳转至"我的作品"界面，开始合成视频效果。合成结束后，即可完成视频的制作。

图 5-41　单击"确定"按钮

5.4　2 个运用 Runway 进行文生视频的步骤

Runway（跑道）是一个在线 AI 短视频创作工具，它可以帮助用户轻松生成创意性的视频效果。借助 Runway，用户可以进行文字转图像和文字转视频等操作。不过，在 Runway 中，运用文本生成的视频是无声的，用户需要用其他软件给视频添加背景音乐，视频效果如图 5-42 所示。

图 5-42　视频效果展示

056　英文指令的使用

在 Runway 中，用户只需提供一段描述视频内容的文本，即可生成对应的视频效果。需要注意的是，虽然 Runway 能够识别中文，但输入英文指令便于 Runway 更好地理解内容和更快地进行生成。下面介绍在 Runway 中使用英文指令生成视频的具体操作方法。

扫码看教学视频

步骤 01 登录并进入 Runway 的 Home（家）页面，单击 Start with Text（从文字开始）按钮，如图 5-43 所示。

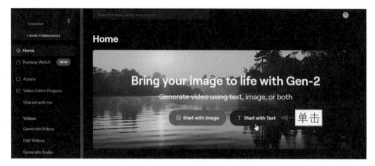

图 5-43　单击 Start with Text 按钮

步骤02 执行操作后，进入Text / Image to Video（文本/图像转视频）界面，在TEXT（文本）下方的输入框中输入"A spaceship is sailing（一艘宇宙飞船正在航行）"，单击Generate 4s（生成4秒）按钮，如图5-44所示。

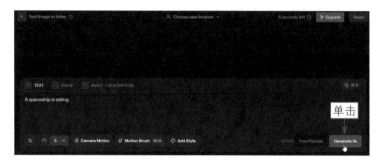

图 5-44　单击 Generate 4s 按钮

步骤03 执行操作后，开始生成视频，在Gen-2 video（第2代视频）板块中可以查看视频的生成进度，如图5-45所示。生成结束后，单击▶按钮，即可播放视频。

图 5-45　查看视频生成进度

★ 专家提醒 ★

视频生成后，单击视频右上角的 Download（下载）按钮，在弹出的"新建下载任务"对话框中设置视频名称和保存位置，单击"下载"按钮，即可将视频下载到本地文件夹中，以便添加背景音乐和进行分享。

057　背景音乐的添加

扫码看教学视频

在 Runway 中，用户使用文本生成的视频是没有背景音乐的，为了让视频效果的观看体验更佳，用户可以用其他软件为视频添加背景音乐。本节以剪映电脑版为例，介绍具体的操作方法。

步骤01 打开剪映电脑版，单击"开始创作"按钮，进入视频编辑界面，在"媒体"功能区的"本地"选项卡中单击"导入"按钮，导入生成的视频。单击视频右下角的"添加到轨道"按钮，如图 5-46 所示，将其添加到视频轨道中。

图 5-46　单击"添加到轨道"按钮（1）

步骤02 切换至"音频"功能区的"音乐素材"选项卡，在搜索框中输入"史诗"，按【Enter】键进行搜索。在搜索结果中单击相应音乐右下角的"添加到轨道"按钮，如图 5-47 所示，为视频添加一段背景音乐。

步骤03 拖曳时间轴至视频结束位置，单击"向右裁剪"按钮，如图 5-48 所示，分割并删除时间轴右侧的背景音乐，将背景音乐的时长调整为与视频时长一致，即可完成视频的制作。

图 5-47　单击"添加到轨道"按钮（2）

图 5-48　单击"向右裁剪"按钮

第6章

6种AI图生视频的方法和步骤，让图片动起来

图生视频是指用户将图片作为指令提供给软件，从而生成的动态视频效果。一般来说，图生视频有两种常见的方法，一种是通过模板将一张或多张图片整合成视频；另一种是通过AI技术将一张图片生成动态的视频效果。

6.1   2 种运用剪映 App 进行图生视频的方法

剪映App的"一键成片"功能和"模板"功能都可以通过为图片套用模板来生成视频。两者之间的区别在于："一键成片"功能由AI推荐模板，用户在推荐的模板中进行选择，AI性更强；而"模板"功能则由用户直接在模板库中进行搜索和选择，自由度更高。

058   运用"一键成片"功能生成视频的方法

扫码看教学视频

【效果展示】：在使用"一键成片"功能生成视频时，用户要先选择图片素材，再从AI推荐的模板中选择一个喜欢的进行生成。用户还可以对生成的视频效果进行修改，如调整素材的位置、更换素材和修改字幕等，效果如图6-1所示。

图 6-1   效果展示

下面介绍在剪映App中运用"一键成片"功能生成视频的操作方法。

步骤 01 打开剪映App，在首页点击"一键成片"按钮，如图6-2所示。

步骤 02 进入"照片视频"界面，在"照片"选项卡中选择两张图片素材，如图6-3所示，点击"下一步"按钮，即可开始生成视频。

步骤 03 稍等片刻，进入"选择模板"界面，用户可以在下方选择喜欢的模板，为素材套用模板，并播放视频效果，点击模板上的"点击编辑"按钮，如图6-4所示，进入模板编辑界面。

图 6-2　点击"一键成片"按钮　　图 6-3　点击"下一步"按钮　　图 6-4　点击"点击编辑"按钮

步骤04 在"视频"选项卡中，选择第1个片段，点击"点击编辑"按钮，在弹出的工具栏中点击"裁剪"按钮，如图6-5所示。

步骤05 进入裁剪界面，调整图片的显示区域，使人物完整显示，点击"确认"按钮，如图6-6所示，保存裁剪效果，并返回模板编辑界面。

图 6-5　点击"裁剪"按钮　　　　　　图 6-6　点击"确认"按钮

107

步骤 06 选择第2个片段，点击"点击编辑"按钮，在弹出的工具栏中点击"替换"按钮，进入"照片视频"界面，选择要进行替换的图片，如图6-7所示，即可完成替换。

步骤 07 切换至"文本"选项卡，选择字幕，点击"点击编辑"按钮，在弹出的文本框中修改文本内容，如图6-8所示，点击✔按钮，确认修改。

步骤 08 点击界面右上角的"导出"按钮，在弹出的"导出设置"对话框中点击▣按钮，如图6-9所示，即可将视频导出。

图 6-7 选择图片

图 6-8 修改文本内容

图 6-9 点击相应的按钮

★ 专家提醒 ★

如果用户想将视频发布到抖音上，可以在"导出设置"对话框中点击"无水印保存并分享"按钮。在视频导出后，会自动跳转到抖音 App 的发布界面，用户编辑好视频信息，就可以进行发布了。

059 运用"模板"功能生成视频的方法

【效果展示】：在使用"模板"功能生成视频时，用户可以搜索感兴趣的模板，然后一键套用，效果如图6-10所示。

扫码看教学视频

图 6-10　效果展示

下面介绍在剪映App中运用"模板"功能生成视频的操作方法。

步骤 01　在剪映App的首页点击"开始创作"按钮，进入"照片视频"界面，选择第1张图片素材，选中"高清"复选框，点击"添加"按钮，如图6-11所示，将素材添加到视频轨道中。

步骤 02　在底部的工具栏中点击"模板"按钮，如图6-12所示。

图 6-11　点击"添加"按钮　　　　图 6-12　点击"模板"按钮

步骤 03　在弹出的"模板"选项卡中，输入并搜索"钢琴百叶窗卡点"，在"搜索结果"中选择一个模板，如图6-13所示。

步骤 04　执行操作后，即可预览模板效果，点击"去使用"按钮，如图6-14所示。

步骤 05　进入"照片视频"界面，选择6张图片素材，点击"下一步"按钮，如图6-15所示，即可开始套用模板，合成视频。

图 6-13　选择一个模板　　　图 6-14　点击"去使用"按钮　　　图 6-15　点击"下一步"按钮

步骤 06 合成结束后，即可预览视频效果，点击"完成"按钮，如图6-16所示，返回视频编辑界面。

步骤 07 选择之前导入的图片素材，点击"删除"按钮，如图6-17所示，将其删除，点击界面右上角的"导出"按钮，即可将制作好的视频导出。

图 6-16　点击"完成"按钮　　　　图 6-17　点击"删除"按钮

6.2　2 种运用快影 App 进行图生视频的方法

快影App是快手旗下的视频编辑软件，用户可以借助它的AI功能快速用图片生成趣味性十足的视频。例如，运用"剪同款"功能，用户可以为图片快速套用模板；而运用"AI玩法"功能，用户可以将一张图片变成一段动态的视频。

060　运用"剪同款"功能生成视频的方法

扫码看教学视频

【效果展示】：快影App的"剪同款"功能拥有丰富的模板资源，用户可以直接搜索想要的模板名称，然后进行套用，效果如图6-18所示。

图 6-18　效果展示

下面介绍在快影App中运用"剪同款"功能生成视频的具体操作方法。

步骤01 打开快影App，在"剪同款"界面中输入并搜索"高级蒙版卡点旅拍大片"模板，在"模板"选项卡中选择相应的模板，如图6-19所示。

步骤02 进入模板预览界面，点击"制作同款"按钮，如图6-20所示。

步骤03 进入"相册"界面，选择相应的图片，点击"选好了"按钮，如图6-21所示，即可开始生

图 6-19　选择相应的
模板

图 6-20　点击"制作同
款"按钮

111

成视频。

步骤04 稍等片刻，进入模板编辑界面，查看视频效果，点击界面右上角的"做好了"按钮，在弹出的"导出选项"对话框中点击"无水印导出并分享"按钮，如图6-22所示，即可导出无水印的视频。

图 6-21　点击"选好了"按钮　　　　图 6-22　点击"无水印导出并分享"按钮

061　运用"AI玩法"功能生成视频的方法

【效果展示】：通过"剪同款"界面的"AI玩法"功能，用户可以为图片添加新奇的玩法，从而快速生成动态视频，效果如图6-23所示。

扫码看教学视频

图 6-23　效果展示

下面介绍在快影App中运用"AI玩法"功能生成视频的具体操作方法。

步骤 01 在"剪同款"界面中点击"AI玩法"按钮，如图6-24所示。

步骤 02 进入"AI玩法"界面，切换至"AI绘画"选项卡，选择"赛博风"选项，点击"导入图片变身"按钮，如图6-25所示。

图 6-24 点击"AI 玩法"按钮　　　图 6-25 点击"导入图片变身"按钮

步骤 03 进入"相机胶卷"界面，选择合适的图片，点击"选好了"按钮，如图6-26所示，即可开始生成视频。

步骤 04 生成结束后，预览视频效果，选择"碎闪上升"模板，如图6-27所示，即可更改模板，并预览视频效果，点击下方的"无水印导出并分享"按钮，即可将成品视频导出。

图 6-26 点击"选好了"　　图 6-27 选择"碎闪上升"
　　　　　按钮　　　　　　　　　　模板

6.3　2 个运用 Runway 进行图生视频的步骤

在Runway中，用户在使用图片生成视频时，要先上传一张图片，再进行生成。在生成前，用户还可以对视频的运动强度、相机运动的方向和强度进行设置，让运动效果更明显，效果如图6-28所示。

图 6-28　效果展示

062　图片的上传

在使用图片生成视频时，用户首先要向Runway提供一张图片，这张图片将作为视频的开头，也是后续生成视频内容的基础。下面介绍在Runway中上传图片的具体操作方法。

扫码看教学视频

步骤01 在Home页面中单击Start with Image（从图像开始）按钮，进入Text/Image to Video页面，在IMAGE（图像）选项卡中，单击upload a file（上传一个文件）超链接，如图6-29所示。

图 6-29　单击 upload a file 超链接

步骤 02 执行操作后，弹出"打开"对话框，选择要上传的图片，单击"打开"按钮，如图6-30所示。

步骤 03 稍等片刻后，即可上传图片，如图6-31所示。

图 6-30　单击"打开"按钮　　　　　　图 6-31　将图片上传

063　参数的设置

扫码看教学视频

在IMAGE选项卡中，运动强度参数默认为5，相机运动的方向和强度一般没有任何设置。用户可以通过设置这些参数，控制图片的运动效果，让视频效果更符合要求，具体操作方法如下。

步骤 01 在IMAGE选项卡中，单击 按钮，在弹出的General Motion（通用运动）面板中，将参数设置为7，如图6-32所示，增加视频的运动强度。

图 6-32　将参数设置为 7

★ 专 家 提 醒 ★

General Motion 的参数值越大，视频中的运动强度就越高。不过，并不是运动强度越高，视频效果就越好，用户还是要根据图片和需求适当设置参数。

步骤 02 单击Camera Motion（相机运动）按钮，在弹出的Camera Motion面板中，设置Zoom（变焦）参数为3.0，让相机镜头推近，放大视频画面，单击Save（保存）按钮，如图6-33所示，保存设置的参数。

图 6-33　单击 Save 按钮

步骤 03 单击Generate 4s按钮，即可开始生成视频，并显示生成进度，如图6-34所示。生成结束后，即可查看视频效果。

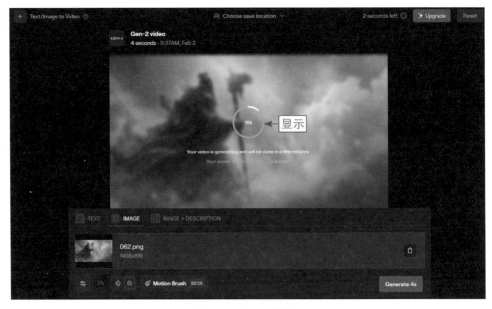

图 6-34　显示生成进度

第 7 章

6个AI短视频剪辑功能，提高处理效率

想提高视频的剪辑效率？可以把处理素材和美化视频的工作交给AI来完成。本章主要介绍剪映App中的6个短视频剪辑功能，包括智能裁剪、超清画质、防抖、智能抠像、智能补帧和智能调色等功能。

7.1　3 个运用 AI 处理视频素材的功能

利用AI技术，可以一键将横版视频变竖屏，也可以一键使模糊的视频变高清。借助AI，用户可以大大提升视频素材的处理速度。本节介绍"智能裁剪"功能、"超清画质"功能和"防抖"功能的使用技巧。

064　"智能裁剪"功能的使用

扫码看教学视频

【效果展示】：在剪映App中，用户可以运用"智能裁剪"功能将横版的视频转换为竖版的视频，这样视频就更适合在手机中播放和观看，还能裁去多余的画面。素材与效果对比如图7-1所示。

图 7-1　素材与效果对比

下面介绍在剪映App中运用"智能裁剪"功能调整视频比例的具体操作方法。

步骤01 在剪映App的"剪辑"界面，点击"开始创作"按钮，如图7-2所示。

步骤02 进入"照片视频"界面，在"视频"选项卡中选择视频素材，选中"高清"复选框，点击"添加"按钮，如图7-3所示，进入视频编辑界面，并将素材导入视频轨道。

步骤03 选择素材，在下方的工具栏中点击"智能裁剪"按钮，如图7-4所示。

步骤04 弹出"智能裁剪"面板，选择9∶16选项，设置"镜头位移速度"为"更慢"，如图7-5所示，即可开始裁剪画面，裁剪完成后，点击■按钮，确认裁剪。

图 7-2　点击"开始创作"按钮　　　图 7-3　点击"添加"按钮　　　图 7-4　点击"智能裁剪"按钮

步骤05 由于裁剪后的视频比例与原比例不同，因此素材画面的周围出现了黑边，在工具栏中点击"比例"按钮，在弹出的"比例"面板中选择9∶16选项，如图7-6所示，更改视频画布尺寸，即可去除黑边，完成素材的处理。

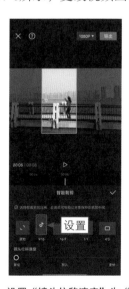

图 7-5　设置"镜头位移速度"为"更慢"　　　　　图 7-6　选择 9 ∶ 16 选项

★ 专家提醒 ★

　　需要注意的是，目前"智能裁剪"为会员功能，用户需要购买会员资格才能使用。另外，像"超清画质""智能调色"等功能也需要会员资格才能使用。

065 "超清画质"功能的使用

扫码看教学视频

【效果展示】：如果视频画面不够清晰，用户可以使用剪映中的"超清画质"功能，对视频进行修复，让画面变得更加清晰。素材与效果对比如图7-7所示。

图 7-7　素材与效果对比

下面介绍在剪映App中运用"超清画质"功能让视频变清晰的具体操作方法。

步骤01 将素材添加到视频轨道中，选择素材，在下方的工具栏中点击"调节"按钮，如图7-8所示，进入"调节"选项卡。

步骤02 切换至"画质提升"选项卡，选择"超清画质"选项，设置画质为"高清"，如图7-9所示，对素材的画质进行提升，提升完成后，点击✓按钮确认。

图 7-8　点击"调节"按钮　　　　图 7-9　设置画质为"高清"

066 "防抖"功能的使用

【效果展示】：在拍摄视频的过程中，难免会出现画面抖动的情况。此时，用户可以运用"防抖"功能，一键让画面稳定。素材与效果对比如图7-10所示。

图 7-10 素材与效果对比

下面介绍在剪映App中运用"防抖"功能让视频画面变稳定的具体操作方法。

步骤01 将素材添加到视频轨道中，选择素材，在下方的工具栏中点击"防抖"按钮，如图7-11所示，弹出"防抖"面板。

步骤02 设置防抖程度为"推荐"，如图7-12所示，对画面进行稳定处理，处理完成后，点击 ✓ 按钮确认即可。

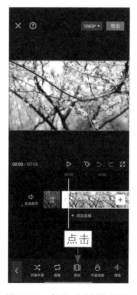

图 7-11 点击"防抖"按钮　　　　图 7-12 设置防抖程度为"推荐"

7.2　3 个运用 AI 美化视频素材的功能

想让视频效果更美观，用户可以将人像抠出来，换个更好看的背景；也可以对视频进行变速和补帧处理；还可以运用AI对视频进行调色，提高调色效率和质量。

067　"智能抠像"功能的使用

扫码看教学视频

【效果展示】：使用"智能抠像"功能把人物抠出来，就可以给人物更换视频背景了，从而让人物处于不同的场景中，效果展示如图7-13所示。

图 7-13　效果展示（1）

下面介绍在剪映App中运用"智能抠像"功能为人物更换背景的具体操作方法。

步骤01 依次导入两段素材，选择人像素材，在下方的工具栏中点击"切画中画"按钮，如图7-14所示，将其切换到画中画轨道中。

步骤02 调整人像素材的位置，将其时长调整为4.3s，在下方的工具栏中点击"抠像"按钮，如图7-15所示。

步骤03 打开抠像工具栏，点击"智能抠像"按钮，如图7-16所示，弹出"智能抠像"面板，将人物抠出来，点击✓按钮，即可完成人物背景的更换。

步骤04 为了让人物与背景更协调，用户可以为人物设置动画效果，在下方的工具栏中点击"动画"按钮，在"入场动画"选项卡中选择"渐显"动画，设置动画时长为1.5s，如图7-17所示，让人物慢慢显示出来。

步骤05 切换至"出场动画"选项卡，选择"渐隐"动画，如图7-18所示，让人物慢慢消失，即可完成视频的制作。

图 7-14　点击"切画中画"按钮

图 7-15　点击"抠像"按钮

图 7-16　点击"智能抠像"按钮

图 7-17　设置动画时长

图 7-18　选择"渐隐"动画

068　"智能补帧"功能的使用

【效果展示】：用户可以对一些有运镜的视频素材进行变速处理，让运镜效果忽快忽慢，从而增加视频的动感。而在进行变速处理时，可以用"智能补帧"功能让慢速的画面变得更流畅，效果如图7-19所示。

扫码看教学视频

图 7-19　效果展示（2）

下面介绍在剪映App中运用"智能补帧"功能增加画面流畅度的具体操作方法。

步骤01 将素材添加到视频轨道中，选择素材，在下方的工具栏中点击"音频分离"按钮，如图7-20所示，先将视频的背景音乐分离出来。

步骤02 选择素材，在下方的工具栏中依次点击"变速"按钮和"曲线变速"按钮，如图7-21所示。

步骤03 弹出"曲线变速"面板，选择"蒙太奇"选项，为素材添加蒙太奇变速效果，点击"蒙太奇"选项上的"点击编辑"按钮，如图7-22所示。

图 7-20　点击"音频分离"按钮　图 7-21　点击"曲线变速"按钮　图 7-22　点击相应的按钮

步骤04 弹出"蒙太奇"编辑面板，将第3个变速点拖曳至第1条线的位置，提高第3个变速点的速度，选中"智能补帧"复选框，如图7-23所示，点击■按钮，即可开始进行补帧。

步骤 05 补帧结束后，调整背景音乐的时长，如图7-24所示，使其与视频时长保持一致，即可完成视频的制作。

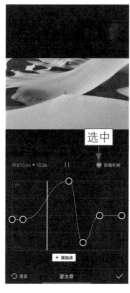

图 7-23　选中相应复选框

图 7-24　调整音乐的时长

069　"智能调色"功能的使用

扫码看教学视频

【效果展示】：如果视频画面过曝或者欠曝，色彩也不够鲜艳，就可以使用"智能调色"功能，自动对画面进行调色。用户还可以通过调整相应的参数，让视频画面更靓丽一些。素材与效果对比如图7-25所示。

图 7-25　素材与效果对比

步骤 01 将素材导入视频轨道，选择素材，在下方的工具栏中点击"调节"按钮，如图7-26所示。

步骤 02 进入"调节"选项卡，选择"智能调色"选项，即可进行快速调

125

色，优化视频画面，如图7-27所示。

步骤 03 选择"饱和度"选项，设置其参数值为10，使画面中的色彩更浓郁，优化调色效果，如图7-28所示。

图 7-26　点击"调节"按钮　　图 7-27　选择"智能调色"选项　　图 7-28　设置"饱和度"参数

第 8 章

7个AI字幕和音频功能，
丰富视频内容

如果一个视频只有画面，就会让人觉得单调。因此，用户可以通过添加字幕和音频的方式，使视频的内容更丰富。本章主要介绍4个AI字幕生成功能，以及3个音频生成与美化功能的使用方法。

8.1　4 个 AI 字幕生成功能

剪映提供的为视频智能添加字幕的功能，可以快速为视频添加字幕，节约手动输入字幕的时间。本节将介绍具体功能的使用方法。

070　"识别字幕"功能的使用

扫码看教学视频

【效果展示】：运用"识别字幕"功能识别出来的字幕，会自动生成在视频画面的下方，不过这需要视频中有清晰的人声音频，否则无法识别，效果如图8-1所示。

图 8-1　效果展示（1）

下面介绍在剪映App中运用"识别字幕"功能自动生成字幕的具体操作方法。

步骤01 在剪映App中导入视频，在下方的工具栏中依次点击"文字"按钮和"识别字幕"按钮，如图8-2所示。

步骤02 弹出"识别字幕"面板，点击"开始匹配"按钮，如图8-3所示，即可开始进行识别。

步骤03 识别完成后，会自动生成对应的字幕，在工具栏中点击"编辑"按钮，如图8-4所示。

步骤04 弹出字幕编辑面板，切换至"字体"选项卡，选择一款合适的字体，如图8-5所示。

步骤05 切换至"样式"选项卡，设置"字号"参数为8，如图8-6所示，使文字变大一些。

步骤06 切换至"花字"|"发光"选项卡，选择一个发光花字样式，如图8-7所示，让文字效果更美观，即可完成视频的制作。

图 8-2　点击"识别字幕"按钮　　图 8-3　点击"开始匹配"按钮　　图 8-4　点击"编辑"按钮

图 8-5　选择字体　　　　　　　图 8-6　设置"字号"参数　　　　图 8-7　选择一个花字样式

★ 专家提醒 ★

运用"识别字幕"功能识别和生成的字幕会被视为一个整体，对其中的任意一段进行字体、样式、花字、位置和动画等设置，都会同步到其他字幕上。

071 "识别歌词"功能的使用

【效果展示】：如果视频中的音乐是清晰的中文歌曲，可以使用"识别歌词"功能，快速生成歌词字幕，省去了手动添加歌词字幕的操作，效果如图8-8所示。

扫码看教学视频

图 8-8　效果展示（2）

下面介绍在剪映App中运用"识别歌词"功能生成歌词字幕的具体操作方法。

步骤 01 在剪映App中导入视频，在工具栏中依次点击"文字"按钮和"识别歌词"按钮，如图8-9所示。

步骤 02 弹出"识别歌词"面板，点击"开始匹配"按钮，如图8-10所示，即可开始识别中文歌词。

图 8-9　点击"识别歌词"按钮　　　图 8-10　点击"开始匹配"按钮

步骤 03 识别完成后，生成歌词字幕，点击"批量编辑"按钮，如图 8-11 所示。

步骤 04 弹出相应的面板，依次选择两段字幕，分别修改错误的歌词，点击右下角的 Aa 按钮，如图 8-12 所示。

步骤 05 进入字幕编辑面板，在"字体"选项卡中，选择一款合适的字体，如图 8-13 所示。

图 8-11　点击"批量编辑"按钮

图 8-12　点击相应的按钮

图 8-13　选择一款字体

步骤 06 在"样式"选项卡中设置"字号"参数为 8，放大字幕，在"花字"|"蓝色"选项卡中，选择一个好看的蓝色花字，如图 8-14 所示，美化字幕。

步骤 07 在"动画"选项卡中，选择"卡拉 OK"入场动画，如图 8-15 所示，制作出 KTV 字幕效果。

图 8-14　选择一个蓝色花字

图 8-15　选择"卡拉 OK"入场动画

072 "智能包装"功能的使用

扫码看教学视频

【效果展示】：所谓"包装"，就是让视频的内容更加丰富、形式更加多样。利用剪映的"智能包装"功能，可以一键为视频添加字幕，并进行包装，不过每次生成的文案可能会不同，效果如图8-16所示。

图 8-16 效果展示（3）

下面介绍在剪映App中运用"智能包装"功能快速添加字幕的具体操作方法。

步骤01 导入视频，依次点击"文字"按钮和"智能包装"按钮，如图8-17所示。

步骤02 执行操作后，即可进行AI智能分析，并显示相应的进度，如图8-18所示。

步骤03 生成结束后，会自动添加设置好样式的字幕，调整字幕的时长，使其与视频时长保持一致，调整字幕在画面中的位置，如图8-19所示，使其更醒目。

图 8-17 点击"智能包装"按钮　　图 8-18 显示相应的进度　　图 8-19 调整字幕的位置

073　"文案推荐"功能的使用

【效果展示】：在剪映中使用"文案推荐"功能的时候，系统会根据视频内容，推荐很多条文案，用户选择自己最满意的一条使用即可，效果如图8-20所示。

图 8-20　效果展示（4）

下面介绍在剪映App中运用"文案推荐"功能快速添加字幕的具体操作方法。

步骤01 导入素材，依次点击"文字"按钮和"智能文案"按钮，如图8-21所示。

步骤02 弹出"智能文案"面板，点击"文案推荐"按钮，如图8-22所示，即可开始生成文案。

步骤03 在推荐文案中选择一条合适的文案，如图8-23所示，点击⊙按钮，即可生成对应的字幕。

图 8-21　点击"智能文案"按钮　图 8-22　点击"文案推荐"按钮　图 8-23　选择一条文案

步骤 04 调整字幕的持续时长，使其与视频时长保持一致，点击"编辑"按钮，弹出字幕编辑面板，在"字体"选项卡中选择一款文字字体，如图8-24所示，在"样式"选项卡中设置"字号"参数为8，将文字缩小。

步骤 05 在"花字"|"发光"选项卡中，选择一个发光花字，如图8-25所示，美化字幕。

图 8-24　选择一款字体

图 8-25　选择一个发光花字

步骤 06 在"动画"选项卡中，为字幕分别添加"波浪弹入"入场动画和"向上溶解"出场动画，如图 8-26 所示，丰富字幕的入场和出场效果。

步骤 07 调整文字在画面中的位置，如图8-27所示，即可完成视频的制作。

★ 专家提醒 ★

在"智能文案"面板中，除了让AI 推荐文案，用户还可以输入自己的需求，让 AI 创作讲解文案和营销文案，并应用到相应的视频中，提升视频文案创作的效率和质量。

图 8-26　添加"向上溶解"出场动画

图 8-27　调整文字的位置

8.2　3 个 AI 音频美化与生成功能

利用剪映中的AI功能可以智能处理视频中的音频，美化音频效果；也可以为视频生成配音，减轻用户自行配音的工作量，不过部分功能需要开通剪映会员才能使用。

074　"人声分离"功能的使用

【效果展示】：如果视频中的音频同时有人声和背景音，我们可以使用"人声分离"功能，将人声分离出来，视频效果如图8-28所示。

扫码看教学视频

图 8-28　视频效果展示（1）

下面介绍在剪映App中运用"人声分离"功能去除视频背景音的具体操作方法。

步骤01 在剪映App中导入视频，选择视频素材，点击"人声分离"按钮，如图8-29所示。

步骤02 弹出"人声分离"面板，选择"仅保留人声"选项，如图8-30所示。

步骤03 执行操作后，即可开始进行人声分离，并显示处理进度，如图8-31所示。分离完成后，点击✓按钮，即可完成处理。此时视频中只有人声，背景音已经被去除了。

★ 专家提醒 ★

"人声分离"功能可以帮助用户轻松去除视频中的人声或背景音，用户可以根据素材的情况来选择需要去除的音频。

 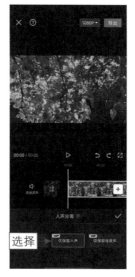 

图 8-29　点击"人声分离"按钮　　图 8-30　选择"仅保留人声"选项　　图 8-31　显示处理进度

075　"声音效果"功能的使用

【效果展示】：如果用户对自己的原声音色不是很满意，或者想改变音频的音色，就可以运用"声音效果"功能改变音频的音色，实现"魔法变声"。本案例是将女生的声音变成男生的声音，视频效果如图8-32所示。

扫码看教学视频

图 8-32　视频效果展示（2）

下面介绍在剪映App中运用"声音效果"功能改变音频音色的具体操作方法。

步骤01 在剪映App中导入视频，选择视频素材，点击"声音效果"按钮，如图8-33所示。

步骤02 在"音色"选项卡中，选择"广告男声"音色，点击☑️按钮，如图8-34所示，即可将原视频中的女生音色变成男生音色。

图 8-33　点击"声音效果"按钮　　　　　图 8-34　点击相应的按钮

076　"文本朗读"功能的使用

扫码看教学视频

【效果展示】：在一些风景类素材中，用户可以选择一些积极、正面的文案，通过"文案朗读"功能生成配音效果，让视频不那么单调，视频效果如图8-35所示。

图 8-35　视频效果展示（3）

下面介绍在剪映App中运用"文本朗读"功能生成视频配音的具体操作方法。

步骤01 导入视频素材，在下方的工具栏中依次点击"文字"按钮和"新建文本"按钮，如图8-36所示，新建一个文本，并弹出字幕编辑面板。

137

步骤 02 在文本框中输入文字内容，在"字体"选项卡中选择一款字体，如图8-37所示，并调整文字的位置。

步骤 03 切换至"样式"选项卡，设置"字号"参数为12，如图8-38所示，将文字缩小一点。

图 8-36　点击"新建文本"按钮　　图 8-37　选择一款字体　　图 8-38　设置"字号"参数

步骤 04 切换至"花字"|"蓝色"选项卡，选择一个蓝色花字，如图8-39所示，美化字幕效果，点击✔按钮，退出字幕编辑面板。

步骤 05 在下方的工具栏中连续两次点击"复制"按钮，如图8-40所示，将文本复制两份。

步骤 06 修改两段复制文本的内容，选择第1段文本，点击"文本朗读"按钮，如图8-41所示。

步骤 07 弹出"音色选择"面板，在"女声音色"选项卡中选择"心灵鸡汤"音色，选中左上角的"应用到全部文本"复选框，如图 8-42

图 8-39　选择蓝色花字　　图 8-40　点击"复制"
　　　　　　　　　　　　　　　　按钮

所示，点击 ✓ 按钮，即可生成 3 段对应的朗读音频。

步骤08 在预览区域调整3段文本的位置，点击"音频"按钮，查看生成的3段音频，调整3段音频的位置，如图8-43所示，3段文本会根据音频的位置自动调整位置和时长。

图 8-41　点击"文本朗读"按钮　图 8-42　选中"应用到全部文本"　图 8-43　调整音频的位置
　　　　　　　　　　　　　　　　　　　复选框

第9章

图书宣传AI短视频创作全流程：《本书概况》

通过对前面章节的学习，用户应该已经掌握了智能脚本创作、素材生成、文生视频、图生视频和剪辑优化的方法。本章以《本书概况》为例，帮助用户复习和巩固前面学习的知识。

9.1　《本书概况》效果欣赏

【效果展示】：《本书概况》主要是对图书主要内容的介绍和展示，帮助受众快速了解图书框架和内容，从而吸引他们阅读和购买，效果如图9-1所示。

图 9-1　效果展示

9.2　2 个生成《本书概况》素材的步骤

本节主要介绍运用ChatGPT生成视频文案和运用Midjourney生成图片素材的操作方法，带领大家复习文案创作和素材生成的操作技巧。

077　视频文案的创作

通过与ChatGPT进行交流，用户可以让它生成特定主题的文案内容，从而在短视频中使用。下面将举例介绍具体的操作方法。

扫码看教学视频

🄲 **提问**

请给《AI短视频创作119招：智能脚本+素材生成+文生视频+图生视频+剪辑优化》这本书写一段封面宣传语。

🄶 **ChatGPT**

《AI短视频创作119招：智能脚本+素材生成+文生视频+图生视频+剪辑优

化》为您揭示短视频领域的无限可能性！深入探讨智能脚本编写、素材生成技巧，引领您轻松打造引人入胜的独特内容。精通文生成视频和图生视频，助您在创作中轻松融入创意元素，打破传统界限。更有剪辑优化的实用技巧，助您将作品推向巅峰。这本书将带您走进AI短视频的奇妙世界，助您在数字时代脱颖而出，成为短视频领域的创作达人！

078 图片素材的生成

运用Midjourney，用户可以快速生成视频中需要的图片素材，不限主题、风格和尺寸，让素材的获取不再那么难，具体操作方法如下。

步骤 01 在Midjourney中，运用imagine指令和绘画指令，生成4张图片，单击U4按钮，如图9-2所示。

步骤 02 执行操作后，即可将第4张图片放大，如图9-3所示。

图 9-2 单击 U4 按钮

图 9-3 将第 4 张图片放大

9.3 9 个制作《本书概况》视频的步骤

本节主要介绍制作《本书概况》视频的操作步骤，包括背景素材的添加、文字片头的制作、第1段内容展示的制作、第2段内容展示的制作、第3段内容展示的制作、第4段内容展示的制作、第5段内容展示的制作、片尾效果的制作和背景音乐的搜索与添加等，帮助大家复习剪辑和优化视频效果的方法。另外，内容展示部分用到的素材均来自书中生成的内容和制作的效果，用户也可以根据喜好重新进行生成和制作。

079　背景素材的添加

剪映电脑版拥有种类丰富、数量繁多的素材资源，用户可以在素材库中进行搜索和使用。下面介绍添加背景素材的操作方法。

步骤 01 打开剪映电脑版，单击"开始创作"按钮，进入视频编辑界面，在"媒体"功能区中，切换至"素材库"选项卡，输入并搜索"科技感背景"，在搜索结果中单击相应素材右下角的"添加到轨道"按钮➕，如图9-4所示。

步骤 02 执行操作后，即可将背景素材添加到视频轨道中，如图9-5所示。

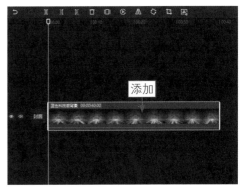

图 9-4　单击"添加到轨道"按钮　　　　图 9-5　将背景素材添加到视频轨道中

080　文字片头的制作

使用花字、文字模板和动画，用户就能制作出简单好看、动感十足、点明主题的文字片头，既不需要花费大量时间，又能轻松获得美观的效果。下面介绍制作文字片头的操作方法。

步骤 01 切换至"文本"功能区，在"花字"|"蓝色"选项卡中，单击相应花字右下角的"添加到轨道"按钮➕，如图9-6所示，为视频添加第1段片头字幕。

步骤 02 切换至"文字模板"|"片头标题"选项卡，单击相应文字模板右下角的"添加到轨道"按钮➕，如图9-7所示，为视频添加第2段片头字幕。

步骤 03 切换至"科技感"选项卡，单击相应文字模板右下角的"添加到轨道"按钮➕，如图9-8所示，为视频添加第3段片头字幕。

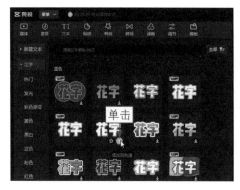

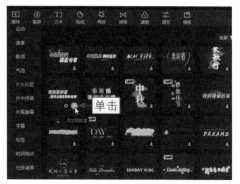

图 9-6　单击"添加到轨道"按钮（1）　　　图 9-7　单击"添加到轨道"按钮（2）

步骤 04 选择第1段片头字幕，在"文本"编辑区中，修改文字内容，更改文字字体，设置"字号"参数为12，如图9-9所示，调整字幕的显示效果。

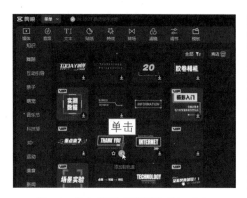

图 9-8　单击"添加到轨道"按钮（3）　　　图 9-9　设置"字号"参数

步骤 05 修改第2段和第3段片头字幕的内容，并设置第3段片头字幕的"缩放"参数为35%，如图9-10所示，将其缩小。

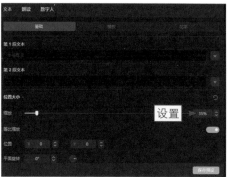

图 9-10　设置"缩放"参数

步骤 06 在"播放器"面板中，调整3段片头文本的位置，如图9-11所示，将它们按顺序进行上下排列。

步骤 07 选择第1段片头字幕，在"动画"操作区中，选择"波浪弹入"入场动画，如图9-12所示，增加字幕入场的趣味性。

图 9-11　调整 3 段字幕的位置　　　　　图 9-12　选择"波浪弹入"入场动画

步骤 08 在字幕轨道中，调整第2段片头字幕的起始位置，使其对齐第1段片头字幕入场动画的结束位置，调整第3段片头字幕的起始位置，使其与00:01的位置对齐，如图9-13所示，让3段字幕依次显示。

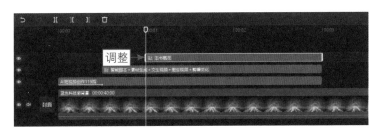

图 9-13　调整第 3 段片头字幕的起始位置

081　第1段内容展示的制作

在对图书内容进行展示时，用户可以根据书名中包含的信息，分段进行展示。例如，本案例中的图书书名为《AI短视频创作119招：智能脚本+素材生成+文生视频+图生视频+剪辑优化》，那么用户就可以将其分为智能脚本、素材生成、文生视频、图生视频和剪辑优化这5个部分进行内容展示。

第1段内容展示为智能脚本，展示的内容为本章077小节生成的文案。下面介绍制作第1段内容展示的操作方法。

步骤 01 拖曳时间轴至3段片头字幕的结束位置，在"花字"|"蓝色"选项

扫码看教学视频

卡中，连续两次单击相应花字右下角的"添加到轨道"按钮 ⊕，如图9-14所示，为视频添加两段字幕。

步骤 02 切换至"文字模板"|"任务清单"选项卡，单击相应文字模板右下角的"添加到轨道"按钮 ⊕，如图9-15所示，添加一个便签样式的文字模板。

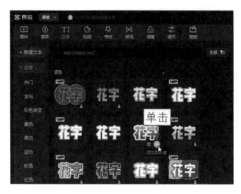

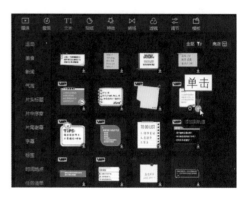

图 9-14　单击"添加到轨道"按钮（1）　　　图 9-15　单击"添加到轨道"按钮（2）

★ 专 家 提 醒 ★

为了效果的美观，这里添加的文字模板是会员专属的，用户也可以选择免费的文字模板，后续的操作是相同的。

步骤 03 切换至"新建文本"选项卡，单击"默认文本"右下角的"添加到轨道"按钮 ⊕，如图9-16所示，添加一段没有任何样式的默认文本。

步骤 04 选择第1段花字，在"文本"操作区的"基础"选项卡中，修改文字内容，更改文字字体，如图9-17所示。

图 9-16　单击"添加到轨道"按钮（3）　　　图 9-17　更改文字字体

步骤 05 修改第2段花字的内容，为其设置与第1段花字相同的字体，并设置"字号"参数为10，如图9-18所示，调整字幕的大小。

步骤 06 选择文字模板，在"文本"操作区的"基础"选项卡中，修改两段文本的内容，设置"缩放"参数为75%，如图9-19所示，缩小文字。

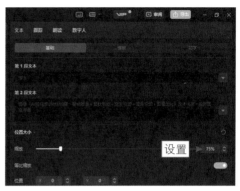

图 9-18　设置"字号"参数　　　　　　　　图 9-19　设置"缩放"参数

步骤 07 选择默认文本，修改文本内容，设置合适的字体，在"对齐方式"的右侧单击■按钮，如图9-20所示，让文本靠左对齐。

步骤 08 选择一个黄底黑字的预设样式，如图9-21所示，让文本突出显示，在预览区域调整文本框的大小。

图 9-20　单击相应的按钮　　　　　　　　图 9-21　选择预设样式

步骤 09 在"播放器"面板中调整所有字幕的位置，如图9-22所示，使它们有序地排列、分布。

步骤 10 同时选中两段花字，在"动画"操作区中，选择"向上露出"入场动画，如图9-23所示，为字幕添加入场动画。

步骤 11 选择默认文本，为其添加"渐显"入场动画，并设置"动画时长"参数为1.0s，调整文字模板和默认文本的起始位置，如图9-24所示，让字幕依次显示出来。

图 9-22　调整字幕的位置

图 9-23　选择"向上露出"入场动画

步骤 **12** 切换至"贴纸"功能区，输入并搜索"黄色箭头"贴纸，在"贴纸素材"选项区中单击相应贴纸右下角的"添加到轨道"按钮 ⊕，如图9-25所示，添加一个箭头贴纸。

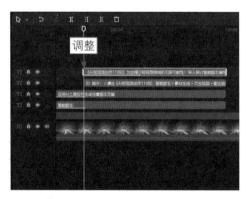

图 9-24　调整字幕的起始位置

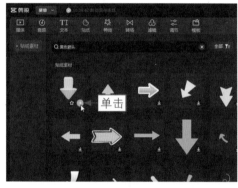

图 9-25　单击"添加到轨道"按钮（4）

步骤 **13** 在"贴纸"操作区中，设置"缩放"参数为61%、"旋转"参数为270°，在预览区域调整贴纸的位置，如图9-26所示，将贴纸的时长调整为与文字模板的时长一致，即可完成第1段内容展示的制作。

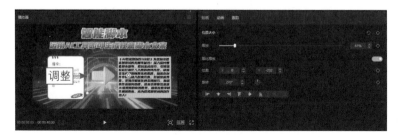

图 9-26　调整贴纸的位置

082　第2段内容展示的制作

完成第1段内容展示的制作后，用户可以通过复制、粘贴的方法
来快速制作第2段内容的展示。第2段内容展示为素材创作，展示的内
容为本章078小节生成的图片。下面介绍制作第2段内容展示的操作方法。

步骤01 拖曳时间轴至第1段内容展示的结束位置，全选第1段内容展示的字
幕，依次按【Ctrl+C】组合键和【Ctrl+V】组合键，将字幕复制一份，并粘贴在
时间轴的右侧，修改相应的文本内容，然后选择默认文本，单击"删除"按钮
，如图9-27所示，将其删除。

步骤02 在"媒体"功能区的"本地"选项卡中导入所有素材，将第1段素材拖
曳至画中画轨道中，将其时长调整为与第2个箭头贴纸的时长一致，如图9-28所示。

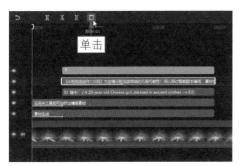
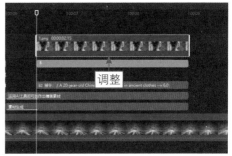

图 9-27　单击"删除"按钮　　　　　　　　　　图 9-28　调整素材的时长

步骤03 在预览区域中调整素材的大小和位置，如图9-29所示，让其不要挡
住其他内容。

步骤04 在"动画"操作区中，选择"渐显"动画，设置"动画时长"参数
为1.0s，如图9-30所示，让素材慢慢显示出来，即可完成第2段内容展示的制作。

图 9-29　调整素材的大小和位置　　　　　　　图 9-30　设置"动画时长"参数

083 第3段内容展示的制作

扫码看教学视频

从第3段内容展示开始，除了要包含第1段和第2段内容展示的基本要素和框架，还要额外增加一个效果展示片段，让受众可以更直接地查看视频的生成和制作效果，增加内容宣传的吸引力。第3段内容展示为文生视频，展示的内容为本书第5章5.4节生成的视频。下面介绍制作第3段内容展示的操作方法。

步骤01 将第2段内容展示的全部内容复制并粘贴至合适的位置，修改文本内容，将第2段素材拖曳至第1段素材上，如图9-31所示。

图 9-31　将第 2 段素材拖曳至第 1 段素材上

步骤02 弹出"替换"对话框，单击"替换片段"按钮，如图9-32所示，即可将第1段素材替换成第2段素材，并保持同样的动画效果。

步骤03 在预览区域适当调整第2段素材的位置和大小，如图9-33所示。

图 9-32　单击"替换片段"按钮

图 9-33　调整素材的位置和大小

步骤04 在画中画轨道中再次添加第2段素材，使视频效果完整显示。在画中画轨道的起始位置单击"关闭原声"按钮，如图9-34所示，将两段素材静音，完成第3段展示内容的制作。

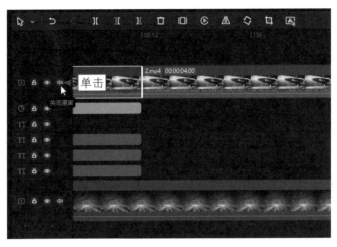

图 9-34　单击"关闭原声"按钮

084　第4段内容展示的制作

扫码看教学视频

第4段内容展示为图生视频，展示的内容为本书第6章6.3节生成的视频。下面介绍制作第4段内容展示的操作方法。

步骤01 将第3段内容展示的全部内容复制并粘贴至合适的位置，修改文本内容，并选择文字模板，单击"删除"按钮，如图9-35所示，将其删除。

步骤02 将第2段素材统一替换成第4段素材，将第3段素材添加到画中画轨道中，并将其时长调整为与贴纸的时长一致，如图9-36所示。

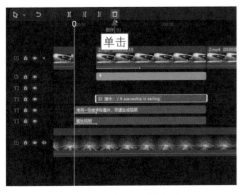

图 9-35　单击"删除"按钮

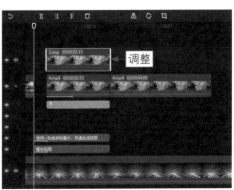

图 9-36　调整素材时长

步骤 **03** 在预览区域调整第3段素材和第4段素材的位置和大小，选择第4段素材，在"动画"操作区的"入场"选项卡中，选择"无"选项，如图9-37所示，清除入场动画效果，即可完成第4段内容展示的制作。

图 9-37　选择"无"选项

085　第5段内容展示的制作

第5段内容展示为剪辑优化，展示的内容为本书第7章069小节制作的视频。下面介绍制作第5段内容展示的操作方法。

步骤 **01** 将第4段内容展示的全部内容复制并粘贴至合适的位置，修改文本内容，并将第3段素材替换成第5段素材，将前面的第4段素材替换成第6段素材，删除后面的第4段素材，单击画中画轨道起始位置的"关闭原声"按钮 ，如图9-38所示，将第5段素材静音。

步骤 **02** 将第7段素材添加到第6段素材的后面，如图9-39所示，即可完成第5段内容展示的制作。

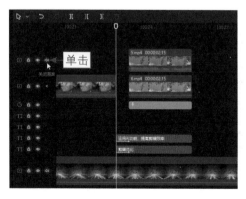

图 9-38　单击"关闭原声"按钮

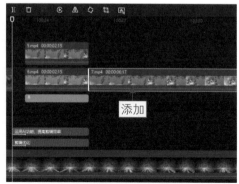

图 9-39　添加第 7 段素材

086 片尾效果的制作

文字除了可以用来制作片头，还可以搭配特效制作出闭幕片尾。下面介绍制作片尾效果的操作方法。

步骤 01 选择第1段片头字幕，将其复制并粘贴在第7段素材的后面，作为片尾字幕。修改字幕的内容，在预览窗口中调整字幕的位置，如图9-40所示。

步骤 02 调整片尾字幕的时长，使其结束位置与00:37的位置对齐，在"动画"操作区中，为片尾字幕添加"渐隐"出场动画，设置"动画时长"参数为1.0s，如图9-41所示，增加出场动画的持续时长。

图 9-40　调整字幕的位置

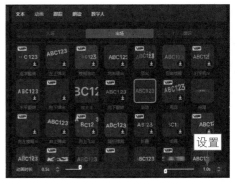

图 9-41　设置"动画时长"参数

步骤 03 拖曳时间轴至第34s的位置，切换至"特效"功能区，在"画面特效"|"基础"选项卡中，单击"闭幕"特效右下角的"添加到轨道"按钮➕，如图9-42所示，为片尾添加一个特效。

步骤 04 调整背景素材的时长，使其结束位置与"闭幕"特效的结束位置对齐，如图9-43所示，即可完成片尾效果的制作。

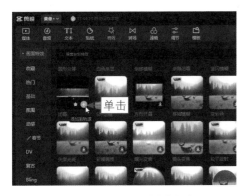

图 9-42　单击"添加到轨道"按钮

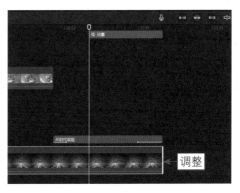

图 9-43　调整背景素材的时长

087 背景音乐的搜索与添加

扫码看教学视频

完成所有视频内容的制作后，用户还需要给视频配上合适的背景音乐。剪映音乐库中的歌曲种类非常丰富，用户可以直接进行搜索和添加。下面介绍搜索与添加背景音乐的操作方法。

步骤 01 将时间轴拖曳至视频起始位置，单击视频轨道起始位置的"关闭原声"按钮，如图9-44所示，将背景素材静音。

步骤 02 切换至"音频"功能区，在"音乐素材"选项卡的搜索框中输入歌曲名称，如图9-45所示，按【Enter】键即可开始进行搜索。

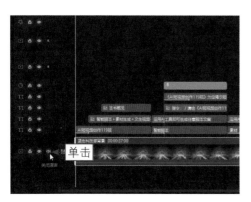

图 9-44 单击"关闭原声"按钮

图 9-45 输入歌曲名称

步骤 03 在搜索结果中，单击相应音乐右下角的"添加到轨道"按钮，如图9-46所示，为视频添加背景音乐。

步骤 04 拖曳时间轴至背景素材的结束位置，单击"向右裁剪"按钮，如图9-47所示，删除多余的背景音乐，完成视频的制作。

图 9-46 单击"添加到轨道"按钮

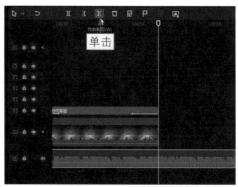

图 9-47 单击"向右裁剪"按钮

第 10 章

电商AI短视频创作全流程：
《头戴式耳机》

在网上买过东西的人都知道，我们只能通过眼睛去选择买哪款商品。因此，有卖货需求的用户想提升商品的点击量，电商短视频的制作是至关重要的。用户可以借助FlexClip，来轻松、快速地完成电商短视频的制作。

10.1 《头戴式耳机》效果欣赏

【效果展示】：FlexClip作为一个功能全面、操作简单的AI视频制作软件，可以帮助用户轻松完成头戴式耳机的电商短视频的制作，效果如图10-1所示。

图 10-1　效果展示

10.2　2 个生成《头戴式耳机》素材的步骤

本节主要介绍运用ChatGPT生成头戴式耳机电商短视频文案，以及运用Midjourney生成片头、片尾图片素材的操作方法，通过使用AI工具，提升文案创作和素材准备的效率。

088　电商短视频文案的生成

想让ChatGPT生成满意的短视频文案，用户需要将商品的信息完整地提供给ChatGPT，并阐明自己的需求。下面介绍生成电商短视频文案的操作方法。

扫码看教学视频

步骤 01 在ChatGPT的输入框中输入指令，按【Enter】键发送，让ChatGPT

生成3个系列产品的宣传语，相关指令和回复内容如下。

🔵 **提问**

我是耳机公司的一个宣传人员，2024年公司推出3个系列的耳机产品，现在需要制作一个产品宣传视频，请根据以下提供的产品信息，分别构思出各个系列产品的卖点宣传语，以用在视频中。

产品信息：

1. 艺声系列

特色：高保真音质，专为音乐发烧友设计。

宣传点：强调卓越的音频性能、先进的声学技术和完美的音频平衡，为用户提供身临其境的音乐体验。

2. 幽韵系列

特色：主动降噪技术，提供沉浸式音乐体验。

宣传点：着重强调先进的主动降噪技术，为用户创造安静的音乐空间，适合在喧嚣的环境中沉浸式聆听音乐。

3. 流光系列

特色：时尚外观设计，蓝牙连接便捷。

宣传点：强调时尚的外观设计，突出蓝牙连接的便捷性，适合潮流时尚用户，成为日常配饰的一部分。

⬡ **ChatGPT**

针对您提供的产品信息，以下是各个系列产品的卖点宣传语。

1. 艺声系列：

　　- 音乐的艺术之声，奏响心灵的交响曲。

　　- 超凡音质，超越期待。

　　- 沉浸式音乐体验，仿佛置身现场。

　　- 高保真音质，探索音乐的深度与细节。

　　- 声音如此逼真，让您忘却一切，只沉醉于音乐的美妙。

2. 幽韵系列：

　　- 隔绝喧嚣，沉浸音乐的静谧空间。

　　- 主动降噪，让音乐更近，喧嚣更远。

　　- 与世隔绝，只留下音乐的魅力。

- 聆听内心，感受音乐的幽韵之美。

- 音乐是一种态度，降噪是一种选择。

3. 流光系列：

- 时尚外观，音乐与潮流同行。

- 无线自由，音乐不受束缚。

- 音乐与时尚融为一体，流光闪耀。

- 蓝牙连接，便捷生活从耳边开始。

- 流光耳机，不仅是耳机，更是时尚的标配。

这些宣传语可以在您的产品宣传视频中突出展示各个系列产品的特色和优势，吸引目标用户的关注和购买欲望。

步骤02 在同一个聊天窗口的输入框中输入指令，按【Enter】键发送，让ChatGPT根据要求重新生成宣传语，相关指令和回复内容如下。

🅲 提问

每个系列的产品只创作一句宣传语，突出产品的功能特点，每句不超过20个字。

Ⓢ ChatGPT

当然，以下是每个系列的简洁宣传语。

1. 艺声系列：

- 专为音乐发烧友设计：音质至臻，身临其境。

2. 幽韵系列：

- 主动降噪，沉浸式音乐体验。

3. 流光系列：

- 时尚外观，音乐随行。

089 片头、片尾图片素材的生成

如果用户想获得美观的片头、片尾图片，可以运用Midjourney进行生成，这样既能节省自行拍摄的时间和成本，用户可以快速生成视频中需要的图片素材，不限主题、风格和尺寸，让素材的获取不再那么难。下面介绍生成片头、片尾图片素材的具体操作方法。

扫码看教学视频

步骤01 在Midjourney中，运用imagine指令和绘画指令，生成4张片头图片，单击U1按钮，如图10-2所示，将第1张图片放大。

步骤 02 继续使用imagine指令和绘画指令，生成4张片尾图片，单击U3按钮，如图10-3所示，将第3张图片放大。

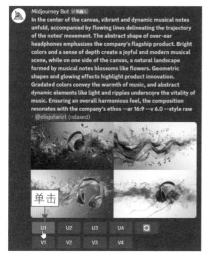

图 10-2　单击 U1 按钮

图 10-3　单击 U3 按钮

步骤 03 生成需要的图片素材后，用户还需要将图片保存到本地，才能在制作视频时进行使用，单击放大的第1张图片，在预览图的左下角单击"在浏览器中打开"超链接，如图10-4所示。

步骤 04 执行操作后，即可在浏览器中打开图片，在图片上单击鼠标右键，如图10-5所示。

图 10-4　单击"在浏览器中打开"超链接

图 10-5　单击鼠标右键

步骤 05 在弹出的快捷菜单中选择"图片另存为"选项，如图10-6所示，弹出"另存为"对话框，修改图片名称，单击"保存"命令，即可将片头图片保存到本地文件夹中。用同样的方法，保存片尾图片。

图 10-6　选择"图片另存为"命令

10.3　8 个制作《头戴式耳机》视频的步骤

本节介绍运用FlexClip制作头戴式耳机电商短视频的步骤，包括视频模板的选择、视频场景的调整、商品素材的上传和替换、视频字幕的修改、AI配音的生成、场景时长的调整、音频音量的设置和成品视频的输出等。

090　视频模板的选择

FlexClip提供了个人、商业&服务、创意、社交媒体和社区这5大类视频模板，在不同大类下还细分了具体用途和种类的视频模板，用户可以轻松找到自己需要的视频模板，并一键完成使用和生成。下面介绍选择视频模板的操作方法。

扫码看教学视频

步骤01 登录FlexClip平台并进入"个人中心"页面，单击"商业&服务"右侧的下拉按钮，在弹出的列表中选择"推广促销"选项，如图10-7所示。

步骤02 执行操作后，会显示所有的推广促销视频模板，将鼠标指针移至相应的模板上，在弹出的工具栏中单击"定制"按钮，如图10-8所示。

步骤03 执行操作后，即可生成相应的视频，如图10-9所示。

图 10-7　选择"推广促销"选项

图 10-8　单击"定制"按钮

图 10-9　生成相应的视频

★ 专家提醒 ★

FlexClip 为英文平台，不过用户可以使用浏览器的翻译功能，将其界面翻译为中文，从而便于理解其中的功能和进行操作。

091　视频场景的调整

扫码看教学视频

在FlexClip中，视频是由一段或多段场景组成的，一段场景包括素材、音频、字幕和动画等要素。用户可以根据需求对场景进行调整，例如删除不需要的场景、调整场景在轨道中的位置等。下面介绍调整视频场景的具体操作方法。

步骤01 在"时间线"窗口中，用鼠标将第3段场景向左拖曳至第2段场景的位置，如图10-10所示，即可将第3段场景变成第2段场景，而原来的第2段场景则变成第3段场景。

图 10-10　将第 3 段场景向左拖曳至第 2 段场景的位置

步骤02 在"时间线"窗口中，选择第4段场景，单击"删除"按钮，如图10-11所示，即可将不需要的场景删除，完成视频场景的调整。

图 10-11　单击"删除"按钮

092　商品素材的上传和替换

扫码看教学视频

用户想制作自己的电商短视频，就需要将模板中的素材替换成自己准备的商品素材。下面介绍上传和替换商品素材的具体操作方法。

步骤01 在"媒体"选项卡中，单击"上传文件"按钮，如图10-12所示。

步骤02 执行操作后，弹出"打开"对话框，选择相应的商品图片素材，单击"打开"按钮，如图10-13所示，即可将所有素材上传到"媒体"选项卡中。

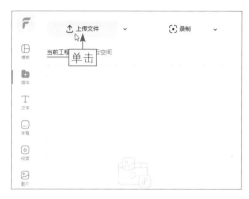

图 10-12　单击"上传文件"按钮　　　　　图 10-13　单击"打开"按钮

步骤 03 在"媒体"选项卡中选择片头素材，按住鼠标左键将其拖曳至"时间线"窗口中的第1段场景上，如图10-14所示，释放鼠标左键，即可替换第1段场景中视频轨道上的素材。

步骤 04 由于第1段场景中还有画中画轨道上的素材，因此再次选择片头素材，按住鼠标左键将其拖曳至预览窗口中的相应画面上，释放鼠标左键，即可替换第1段场景中画中画轨道上的素材，如图10-15所示。用同样的方法，替换其他4段场景中的图片。

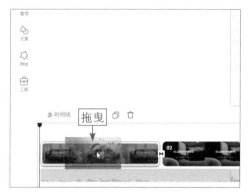

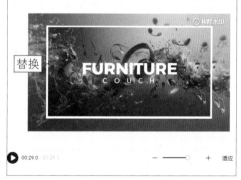

图 10-14　将图片拖曳至第 1 段场景上　　　　图 10-15　替换画中画轨道上的图片

093　视频字幕的修改

由于已经更换了模板中的素材，因此模板中的文案也不再与素材相匹配，用户需要根据素材和需求对文案进行修改。另外，FlexClip有丰富的文字样式和风格，用户可以删除模板中的字幕，添加新的文字样式，增加

扫码看教学视频

视频的美观度。下面介绍修改视频字幕的具体操作方法。

步骤01 选择第1段场景，在预览窗口中，双击第1行字幕，使其呈可编辑状态，修改字幕内容，如图10-16所示。

步骤02 在预览窗口上方的工具栏中，设置字号参数为110，如图10-17所示，将文字缩小。

图 10-16　修改字幕内容

图 10-17　设置字号参数（1）

步骤03 用同样的方法，修改第2行字幕的内容，调整文本框的大小，并设置字号参数为45，如图10-18所示，即可完成第1段场景中字幕的修改。

步骤04 选择第2段场景，在预览窗口中选择最外侧的线框，在弹出的工具栏中单击"删除"按钮🗑，如图10-19所示，将其删除。用同样的方法，删除所有的字幕。

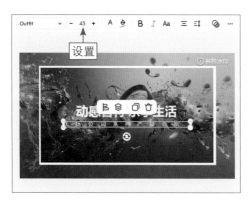

图 10-18　设置字号参数（2）

图 10-19　单击"删除"按钮

步骤05 切换至"文字"选项卡，在"字幕条"的右上方单击"全部"按钮，如图10-20所示，进入"字幕条"选项区。

步骤 06 选择一个合适的字幕条文字样式，如图10-21所示，即可为第2段场景添加新的字幕。

图 10-20　单击"全部"按钮

图 10-21　选择一个字幕条文字样式

步骤 07 修改字幕的内容，并调整字幕的位置，使其位于画面的左上角，如图10-22所示。

步骤 08 再添加一个字幕条样式的文字，修改文字内容，并调整字幕的位置和大小，如图10-23所示，即可完成第2段场景中字幕的修改。

图 10-22　调整字幕的位置（1）

图 10-23　调整字幕的位置和大小

步骤 09 选择第3段场景，按住【Ctrl】键的同时，依次选择所有字幕和线条，将它们拖曳至画面的左侧，调整所有字幕和线条的位置，根据需要删除多余的字幕，修改字幕的内容，适当调整文本框的大小，并设置部分字幕的字号，即可完成第3段场景中字幕的修改，如图10-24所示。

步骤 10 选择第4段场景，删除场景中的字幕，在"字幕条"选项区中选择一个合适的文字样式，修改文字内容，并调整字幕和文本框的位置与大小，如图10-25所示，即可完成第4段场景中字幕的修改。

步骤 11 选择第5段场景，依次修改两行字幕的内容，并设置第1行字幕的字号参数为120，如图10-26所示。

图 10-24　修改第 3 段场景中的字幕　　　　图 10-25　调整字幕和文本框的位置与大小

步骤 12 全选所有文字和线条，将它们拖曳至画面的下方，调整字幕的位置，避免画面中的浅色部分与白色的字幕重叠，如图10-27所示，即可完成第5段场景中字幕的修改。

图 10-26　设置字号参数（3）　　　　　　图 10-27　调整字幕的位置（2）

094　AI配音的生成

运用FlexClip的"文字转语音"工具，可以将文字内容转换为语音，从而为电商视频添加语音旁白，帮助受众更好地了解商品，以使他们对商品产生兴趣。下面介绍生成AI配音的具体操作方法。

扫码看教学视频

步骤 01 切换至"工具"选项卡，在"AI工具"选项区中选择"文字转语音"选项，如图10-28所示。

步骤02 进入"文字转语音"选项区，设置"说话风格"为"欢快"、"语速"为1.1，调整配音音色，在"文字"下方的输入框中输入第1段配音内容，单击"生成"按钮，如图10-29所示，即可生成对应的AI配音音频。

图 10-28　选择"文字转语音"选项

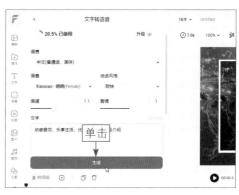

图 10-29　单击"生成"按钮

步骤03 单击"保存到媒体库"按钮，如图10-30所示，即可将配音音频添加到"媒体"选项卡中。

步骤04 用同样的方法，再生成剩下的4段配音音频，并添加到"媒体"选项卡中，拖曳时间轴至00:01.2的位置，单击第1段配音音频右下角的"添加到时间线"按钮，如图10-31所示，将音频添加到合适的位置。用同样的方法，将剩下的4段音频添加到对应的场景中。

图 10-30　单击"保存到媒体库"按钮

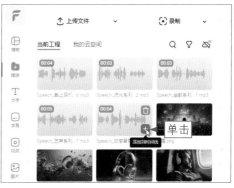

图 10-31　单击"添加到时间线"按钮

095　场景时长的调整

添加完配音音频后，用户会发现，有些音频的时长比场景的时长要短，而有些又比场景的时长要长，因此用户要对场景的时长进行调

扫码看教学视频

167

整，既要避免出现多余的无声片段，又要让配音音频完整呈现。下面介绍调整场景时长的具体操作方法。

步骤 01 在"时间线"窗口中，选择第1段场景，拖曳其右侧的白色拉杆，将其时长调整为00:05.9，如图10-32所示。

步骤 02 用同样的方法，分别调整剩下场景的时长，如图10-33所示。

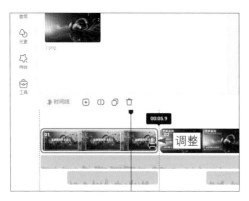

图 10-32 调整第 1 段场景的时长

图 10-33 调整剩下场景的时长

★ 专 家 提 醒 ★

在调整场景的时长时，大部分配音音频的位置和时长不会跟着改变。因此，在调整剩下场景的时长时，用户要先调整配音音频的位置，再根据配音素材的时长来调整场景的时长。

不过，最后一段配音音频的时长会受场景总时长的影响，其结束位置会自动对齐第5段场景的结束位置。因此，用户要先调整最后一段配音音频的位置与时长，再适当调整第 5 段场景的时长，使配音音频能完整显示。

096 音频音量的设置

扫码看教学视频

在FlexClip中，用户除了可以更换模板中的背景音乐，还可以对背景音乐和配音音频的音量进行设置，让背景音乐的音量变小，让配音音频的音量变大，从而避免背景音乐干扰配音音频的听感。下面介绍设置音频音量的具体操作方法。

步骤 01 在"时间线"窗口中，选择背景音乐，单击"删除"按钮🗑，将其删除，拖曳时间轴至视频起始位置。切换至"音频"|"音乐"选项卡，在"欢快"选项区中，单击相应音乐右下角的"添加到时间线"按钮➕，如图10-34所示，为视频添加新的背景音乐，音乐的时长会自动调整为与视频的总时长一致。

步骤 02 选择背景音乐，在"时间线"窗口上方单击"音量"按钮 ◁⌿，在弹出的面板中设置"音量"参数为5，如图10-35所示，降低背景音乐的音量。

图 10-34　单击"添加到时间线"按钮

图 10-35　设置"音量"参数（1）

步骤 03 全选所有配音音频，单击"音量"按钮 ◁⌿，在弹出的面板中设置"音量"参数为100，如图10-36所示，使配音音频的音量更大、效果更突出，即可完成音频音量的设置。

图 10-36　设置"音量"参数（2）

097　成品视频的输出

完成视频的制作后，用户就可以对视频成品进行渲染和输出。下面介绍输出成品视频的具体操作方法。

扫码看教学视频

步骤 01 在页面的右上角单击"输出"按钮，弹出"选择输出格式"面板，单击"带水印输出"按钮，如图10-37所示。

步骤 02 执行操作后，进入渲染页面，显示视频的渲染进度，如图 10-38 所示。

图 10-37　单击"带水印输出"按钮　　　　　图 10-38　显示渲染进度

步骤 03 渲染结束后，会自动将视频下载到本地文件夹中，用户可以在渲染页面单击▶按钮，查看视频效果，如图 10-39 所示。

图 10-39　查看视频效果

★ 专家提醒 ★

如果用户想导出 1080p（英文全称为 progressive scanning，意为隔行扫描，是一种对位图图像进行编码的方法）的无水印视频，需要订购 FlexClip 的会员服务；如果用户对视频没有非常严格的要求，就保持系统的默认设置进行输出即可。

第 11 章

人生哲理AI短视频创作全流程：《智慧小和尚》

可爱的小和尚，搭配富有人生哲理的内容，就是如今抖音上非常热门的人生哲理短视频。要想制作这样的视频，操作很简单。本章以《智慧小和尚》为例，介绍具体的制作步骤。

11.1 《智慧小和尚》效果欣赏

【效果展示】：《智慧小和尚》视频的制作思路是，运用一个小和尚的AI形象作为画面主要人物，接着让小和尚口述一些简短的人生哲理，对受众进行心理宽慰，效果如图11-1所示。

图 11-1　效果展示

11.2　2 个生成《智慧小和尚》素材的步骤

本节主要介绍运用ChatGPT生成哲理口播文案和运用文心一格生成小和尚形象的操作方法，为后面制作口播视频和生成小和尚口播素材做好准备。

098　哲理口播文案的生成

在生成文案的过程中，用户可以先让ChatGPT分析和总结某一句话蕴含的哲理，再根据这些哲理生成对应的口播文案。下面介绍生成哲理口播文案的操作方法。

扫码看教学视频

步骤01 在ChatGPT的输入框中输入指令，按【Enter】键发送，让ChatGPT对提供的句子进行分析，相关指令和回复内容如下。

提问

请分析和总结下面这句话蕴含的人生哲理：不要羡慕任何人的生活，其实谁家的锅底都有灰。

ChatGPT

这句话蕴含了几个重要的人生哲理。

1. 珍惜现有的生活：提醒人们不要盲目羡慕别人，而是要珍惜自己拥有的。在生活中，每个人都有自己的苦楚和挑战，所以理解并感恩自己的生活是非常重要的。

2. 生活的真实性：强调了生活真实的一面，无论看起来多么美好的生活，其背后都有不为人知的困难和挣扎。这个道理是要让人明白，任何看似完美的生活都有其自身的问题和挑战。

3. 比较的危害：警示人们不要过分沉迷于与他人的比较，因为这往往会导致不必要的不满和焦虑。每个人都有自己的生活轨迹和境遇，把时间和精力花在自己的发展和成长上更为重要。

4. 接受现实：表达了一种对现实的接受和理解。生活中不可避免会遇到困难和挑战，而接受这些困难，并在其中找到乐趣和意义，是积极面对生活的态度。

步骤 02 在同一个聊天窗口的输入框中输入指令，按【Enter】键发送，让 ChatGPT 根据分析的哲理创作口播文案，相关指令和回复内容如下。

提问

请根据蕴含的哲理，写一篇口播短视频文案。要求：用简单的话语体现哲理，将"不要羡慕任何人的生活，其实谁家的锅底都有灰"写进文案里，100字以内。

ChatGPT

人都是这样，你羡慕我，但不知我的苦；我羡慕你，却不知你的愁。这山望着那山高，其实那山也没柴烧。不要羡慕任何人的生活，其实谁家的锅底都有灰。不是别人风光无限，而是他们一地鸡毛不让你看见。

099　小和尚形象的生成

画面主体是视频的主要元素，《智慧小和尚》视频的画面主体是

扫码看教学视频

173

AI数字人——小和尚，因此制作视频的第一步骤是运用AI绘画工具生成小和尚形象，具体的操作步骤如下。

步骤 01 在文心一格的"AI创作"界面中，切换至"AI创作"|"自定义"选项卡，输入"小和尚，正面，上半身，可爱"，默认设置"选择AI画师"为"创艺"，单击"上传参考图"下方的■按钮，如图11-2所示。

步骤 02 弹出"打开"对话框，选择相应的参考图，单击"打开"按钮，如图11-3所示，上传参考图。

图 11-2　单击相应的按钮

图 11-3　单击"打开"按钮

步骤 03 设置"影响比重"参数为8，让生成的图像效果接近参考图的画面效果，设置"尺寸"为9：16、"数量"参数为1，单击"立即生成"按钮，如图11-4所示，即可生成与参考图相似的小和尚形象。

步骤 04 单击预览图右侧的"下载"按钮■，如图11-5所示，将图片下载备用。如果用户使用对文心一格生成的小和尚形象不太满意，可以对指令进行调整、设置"数量"参数或多次单击"立即生成"按钮，进行多次生图，从中选择最满意的。

图 11-4　单击"立即生成"按钮

图 11-5　单击"下载"按钮

11.3　10 个制作《智慧小和尚》视频的步骤

本节介绍运用剪映电脑版和腾讯智影制作人生哲理短视频的操作步骤，包括口播音频的生成、小和尚形象图的上传、口播视频的生成、视频画面的调整、口播视频的合成、字幕的识别与编辑、背景音乐的添加与设置、空镜头的插入、视频滤镜的添加和完整视频的合成等。

100　口播音频的生成

扫码看教学视频

生成口播视频有两种方式，一种是使用文本进行生成，另一种是使用音频进行生成。如果用户有特定的音色需求，可以先生成口播音频，再进行视频的生成，具体的操作步骤如下。

步骤01 进入剪映电脑版的视频编辑界面，添加一段默认文本，在"文本"操作区中输入口播文案，切换至"朗读"操作区，在"男声音色"选项卡中选择"萌娃"音色，单击"开始朗读"按钮，如图11-6所示，即可生成对应的朗读音频。

步骤02 单击界面右上角的"导出"按钮，在"导出"面板中，设置相应的名称和保存位置，取消选中"视频导出"复选框，选中"音频导出"复选框，单击"导出"按钮，如图11-7所示，将口播音频导出备用。

图 11-6　单击"开始朗读"按钮

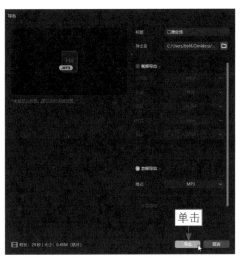

图 11-7　单击"导出"按钮

101 小和尚形象图的上传

腾讯智影支持使用照片生成数字人视频，在生成口播视频前，用户需要上传之前生成的小和尚形象图，具体的操作步骤如下。

步骤01 进入腾讯智影的"创作空间"页面，单击"数字人播报"选项区中的"去创作"按钮，如图11-8所示。

图 11-8 单击"去创作"按钮

步骤02 进入相应的页面，切换至"数字人"选项卡，在"照片播报"｜"照片主播"选项卡中单击"本地上传"按钮，如图11-9所示。

步骤03 弹出"打开"对话框，选择小和尚形象图，单击"打开"按钮，如图11-10所示，即可将其上传。

图 11-9 单击"本地上传"按钮

图 11-10 单击"打开"按钮

102　口播视频的生成

扫码看教学视频

完成小和尚形象图的上传后，用户就可以使用图片和音频，生成小和尚口播视频了。下面将介绍生成口播视频的操作方法。

步骤01 在页面左侧切换至"我的资源"选项卡，单击"本地上传"按钮，在"打开"对话框中选择口播音频，单击"打开"按钮，如图11-11所示，将其上传到软件中。

步骤02 在"照片播报"|"照片主播"选项卡中，选择上传的小和尚形象图，如图11-12所示，即可生成一段5秒左右的小和尚口播视频。

图 11-11　单击"打开"按钮

图 11-12　选择小和尚形象图

步骤03 在"播报内容"选项卡的底部，单击"使用音频驱动播报"按钮，如图11-13所示，进入选择模式。

步骤04 在"我的资源"选项卡中，选择上传的口播音频，如图11-14所示，稍等片刻，即可生成对应的小和尚口播视频。

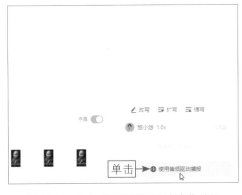

图 11-13　单击"使用音频驱动播报"按钮

图 11-14　选择口播音频

103　视频画面的调整

扫码看教学视频

目前生成的口播视频还只是一个雏形，用户还需要对画面的比例、视频字幕，以及小和尚图片的位置和大小等方面进行调整，让口播视频更美观。下面将介绍调整视频画面的操作方法。

步骤 01 在预览区域的左下角，单击"画面比例"右侧的16：9，在弹出的列表框中选择9：16选项，如图11-15所示。

步骤 02 执行操作后，即可修改视频的比例，生成竖屏的小和尚视频，如图11-16所示。

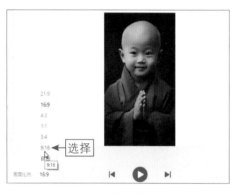

图 11-15　选择 9 ： 16 选项

图 11-16　生成竖屏口播视频

步骤 03 在预览区域的右下角，单击"字幕"右侧的 ⬤ 按钮，如图11-17所示，关闭视频字幕。

步骤 04 在预览区域选择小和尚图片，切换至"画面"选项卡，设置"坐标"的X参数为0、Y参数为0，调整小和尚图片的位置，设置"缩放"参数为105%，如图11-18所示，放大小和尚图片，使其铺满画面。

图 11-17　单击相应的按钮

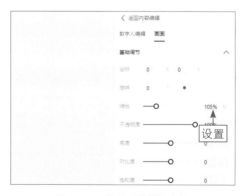

图 11-18　设置"缩放"参数

扫码看教学视频

104　口播视频的合成

完成口播视频的制作后，用户就可以将视频进行合成，合成结束后，还可以将视频导入编辑页面，进一步进行剪辑和美化，具体的操作方法如下。

步骤01 单击页面右上角的"合成视频"按钮，如图11-19所示。

步骤02 弹出"合成设置"面板，设置"名称"为"小和尚素材"，单击"确定"按钮，如图11-20所示。

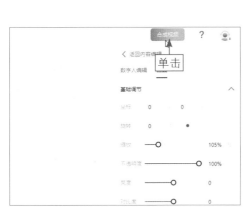

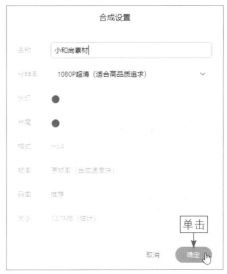

图 11-19　单击"合成视频"按钮　　　　　图 11-20　单击"确定"按钮

步骤03 执行操作后，会自动跳转至"我的资源"页面，进行视频的合成，并显示视频合成的进度，如图11-21所示。

图 11-21　显示视频合成的进度

105　字幕的识别与编辑

添加字幕可以有效地传达视频的重点，也能够增强视频的吸引力。用户可以运用"字幕识别"功能，快速获得视频字幕，并对字幕的样式进行编辑。下面介绍识别与编辑字幕的操作方法。

步骤 01 在"我的资源"页面中，将鼠标指针定位在待剪辑的小和尚素材上，单击 ✕ 按钮，如图11-22所示，进入视频编辑页面，并将小和尚素材添加到视频轨道中。

步骤 02 在预览窗口的左下角，单击"比例"按钮，在弹出的列表框中选择9：16选项，如图11-23所示，将视频画面调成竖屏，去掉多余的黑幕。

图 11-22　单击相应的按钮

图 11-23　选择 9 ： 16 选项

步骤 03 在小和尚素材上单击鼠标右键，在弹出的快捷菜单中选择"字幕识别"|"中文字幕"命令，如图11-24所示，即可开始识别视频中的音频，并自动生成字幕。

步骤 04 由于生成的字幕可能存在错别字，用户可以选择有错误的字幕，切换至"编辑"选项卡，在"内容"下方的文本框中进行修改，如图11-25所示。

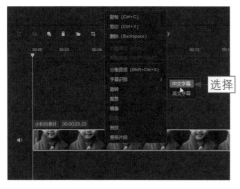

图 11-24　选择"中文字幕"命令

图 11-25　修改字幕内容

步骤 05 选择最后一段字幕，拖曳时间轴至00:27的位置，单击"分割"按钮，如图11-26所示，将其分割为两段字幕，分别修改两段字幕的内容，即可对字幕的分段进行适当调整。

步骤 06 任意选择一段字幕，在"编辑"选项卡中，设置一款合适的字体，设置"字号"参数为20，使文字变大，在"预设"选项区中选择一个预设样式，如图11-27所示，增加字幕的美感。

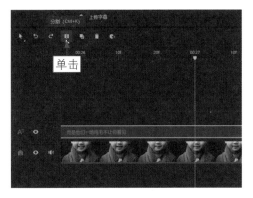

图 11-26　单击"分割"按钮

图 11-27　选择一个预设样式

步骤 07 在"位置与变化"选项区中，设置"缩放"参数为160%，如图11-28所示，使字幕更明显。

步骤 08 切换至"动画"选项卡，选择"渐显"进场动画，设置"动画时长"参数为0.5s，单击"应用至全部"按钮，如图11-29所示，即可为所有字幕添加相同的进场动画效果，完成字幕的编辑。

图 11-28　设置"缩放"参数

图 11-29　单击"应用至全部"按钮

106 背景音乐的添加与设置

添加与设置背景音乐是指为《智慧小和尚》视频添加纯音乐，并设置其音量，让小和尚在说话的同时有音乐的伴奏，从而带给受众更好的听感。下面介绍添加与设置背景音乐的操作方法。

步骤 01 拖曳时间轴至视频起始位置，切换至"在线音频"选项卡，在"音乐"|"纯音乐"选项卡中，单击相应音乐右侧的"添加到轨道"按钮 **+**，如图11-30所示，将所选音乐添加到轨道中。

步骤 02 拖曳时间轴至00:58的位置，选择背景音乐，单击"分割"按钮 ，如图11-31所示，将所选音乐分割为两段，并自动选中前半段音乐。

图 11-30 单击"添加到轨道"按钮

图 11-31 单击"分割"按钮

步骤 03 单击"删除"按钮 ，如图11-32所示，删除多余的背景音乐，并调整背景音乐的位置与时长。

步骤 04 选择背景音乐，在"编辑"|"基础"选项卡中，设置"音量大小"参数为 10，如图 11-33 所示，降低背景音乐的音量，使其不会干扰数字人的口播音频。

图 11-32 单击"删除"按钮

图 11-33 设置"音量大小"参数

107　空镜头的插入

在小和尚视频中插入空镜头可以丰富视频的画面，调节视频的节奏，增强视频的氛围感。下面介绍插入空镜头的操作方法。

扫码看教学视频

步骤01 切换至"我的资源"选项卡，单击"本地上传"按钮，弹出"打开"对话框，选择两段空镜头，单击"打开"按钮，如图11-34所示，进行上传。

步骤02 选择小和尚素材，单击"分割"按钮 ，分别在05:18、09:15、14:14和17:22的位置进行分割，在第2段素材上单击鼠标右键，在弹出的快捷菜单中选择"替换片段"命令，如图11-35所示。

图 11-34　单击"打开"按钮

图 11-35　选择"替换片段"命令

步骤03 弹出"替换素材"面板，切换至"我的资源"选项卡，选择第1段空镜头，如图11-36所示。

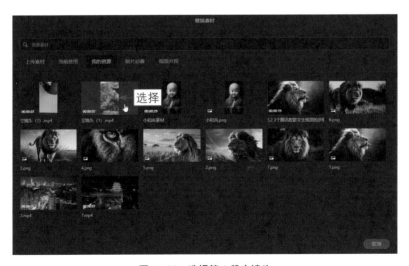

图 11-36　选择第 1 段空镜头

183

步骤 04 执行操作后，预览替换效果，单击"替换"按钮，如图11-37所示，即可将第2段素材替换成第1段空镜头。

步骤 05 用同样的方法，将第4段素材替换成第2段空镜头，如图11-38所示，完成空镜头的插入。

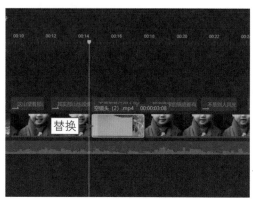

图 11-37 单击"替换"按钮　　　　　　　图 11-38 进行素材的替换

108 视频滤镜的添加

扫码看教学视频

为视频添加合适的滤镜，可以让小和尚形象更美观，也能增加空镜头的美感，从而优化视频效果。下面介绍添加视频滤镜的操作方法。

步骤 01 拖曳时间轴至视频起始位置，切换至"滤镜库"选项卡，在"滤镜"|"人物"选项卡中，单击"自然"滤镜右上角的"添加到轨道"按钮 ➕，如图11-39所示，为小和尚添加一个人物滤镜。

步骤 02 调整"自然"滤镜的时长，使其与第1段素材的时长保持一致，如图11-40所示。

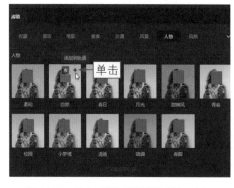

图 11-39 单击"添加到轨道"按钮（1）　　　图 11-40 调整滤镜的时长

步骤03 切换至"风景"选项卡，单击"绿妍"滤镜右上角的"添加到轨道"按钮➕，如图11-41所示，为视频添加风景滤镜。然后调整"绿妍"滤镜的位置与持续时长，使其与第2段素材对齐。

步骤04 用同样的方法，为第3段和第5段素材添加"自然"滤镜，为第4段素材添加"绿妍"滤镜，如图11-42所示，即可完成所有滤镜的添加。

图 11-41　单击"添加到轨道"按钮（2）

图 11-42　为剩下的素材添加滤镜

109　完整视频的合成

扫码看教学视频

完成所有操作后，用户还需要将所有素材合成为一个完整的视频，以便进行下载、保存和分享。下面介绍合成完整视频的操作方法。

步骤01 单击页面右上方的"合成"按钮，如图11-43所示。

图 11-43　单击"合成"按钮（1）

步骤02 弹出"合成设置"面板，修改视频的名称，单击"合成"按钮，如图11-44所示。

步骤03 执行操作后，自动跳转至"我的资源"页面，开始合成视频，并显示合成进度，如图11-45所示。合成结束后，即可查看或下载完整的视频。

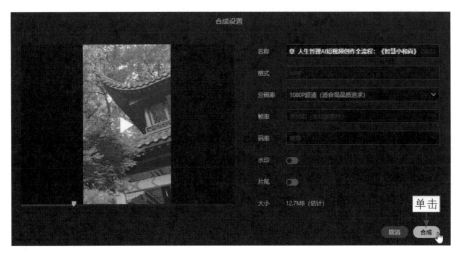

图 11-44　单击"合成"按钮（2）

图 11-45　显示合成进度

第 12 章

教育科普AI短视频创作全流程：《城市桥梁》

运用AI技术，用户可以轻松制作各种内容的教育科普短视频。为了让视频效果更丰富，用户还可以添加数字人，让其以讲师的身份进行口播介绍。本章以《城市桥梁》为例，介绍教育科普AI短视频创作的操作方法。

12.1 《城市桥梁》效果欣赏

【效果展示】：在剪映电脑版中，用户可以选择一个数字人形象，并输入相应的文案来生成数字人素材，从而与其他素材一起组合成教育科普类短视频，效果如图12-1所示。

图 12-1　效果展示

12.2　2 个生成《城市桥梁》素材的步骤

本节主要介绍运用ChatGPT生成数字人的驱动文案和运用文心一格生成背景图片的操作方法，为制作数字人素材做好准备。

110　数字人驱动文案的生成

在运用剪映电脑版生成数字人素材时，目前只有文案驱动这一种方法，因此用户要提前准备好相应的文案。下面介绍生成数字人驱动文案的操作方法。

扫码看教学视频

Ⓒ 提问

请以"城市桥梁"为主题，创作一篇口播短视频文案。要求：突出桥梁的意义，有教育意义，100字左右。

ChatGPT

　　桥梁，是连接城市生命的血管。它们不仅是交通枢纽，更是城市的骄傲。桥下，是无数工匠的巧思，是钢铁交织的力量；桥上，是时光的风景，是城市的雄姿。桥梁，承载着发展的脚步，串联着岁月的变迁。在这座城市的每一座桥上，都有一个故事，一个属于它的独特的传奇。

111　背景图片的生成

扫码看教学视频

　　由于剪映电脑版生成的数字人素材背景默认是透明的，因此用户要准备一张合适的背景图片，既能让数字人的效果更美观，又能为画中画素材提供一个显示的位置。下面介绍生成背景图片的操作方法。

步骤 01 切换至"自定义"选项卡，输入"大屏显示器，居家环境"，"选择AI画师"默认为"创艺"，如图12-2所示。

步骤 02 单击"上传参考图"下方的█按钮，上传一张参考图，设置"影响比重"参数为5，让生成的图像效果参考上传图的画面效果，设置"尺寸"为16∶9，单击"立即生成"按钮，如图12-3所示。

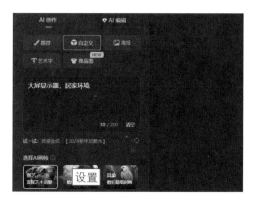

图 12-2　"选择 AI 画师"默认为"创艺"

图 12-3　单击"立即生成"按钮

步骤 03 稍等片刻，即可生成与参考图相似的4张图片，选择第1张图片，即可将其放大，效果如图12-4所示。

★ 专家提醒 ★

　　当在文心一格中查看生成的图片效果时，图片右下角会有一个"文心一格"的水印，不过无须担心，下载到本地的图片中不会出现水印。

图 12-4　将第 1 张图片放大的效果

12.3　8 个制作《城市桥梁》视频的步骤

本节介绍运用剪映电脑版制作教育科普短视频的操作步骤，包括视频模板的套用、视频片头的制作、数字人素材的生成、背景图片的添加、展示素材的调整、视频片尾的制作、纯音乐的添加和编辑，以及视频封面的设置等。

112　视频模板的套用

单一的数字人口播素材容易显得单调，因此用户可以通过套用模板快速制作一段展示素材，使视频画面更丰富。下面介绍套用视频模板的操作方法。

扫码看教学视频

步骤 01　打开剪映电脑版，切换至"模板"选项卡，搜索"风景"模板，设置"画幅比例"为"横屏"、"片段数量"为 3～5、"模板时长"为"30～60秒"，单击相应模板中的"使用模板"按钮，如图12-5所示，进入模板编辑界面。

步骤 02　在视频轨道中，单击素材替换框中第1个片段上的"替换"按钮，如图12-6所示。

步骤 03　弹出"请选择媒体资源"对话框，选择第1段素材，单击"打开"按钮，如图12-7所示，即可完成第1个片段的替换。用同样的方法，完成其他片段的替换，并将展示素材导出备用。

图 12-5　单击"使用模板"按钮

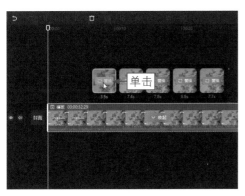

图 12-6　单击"替换"按钮

图 12-7　单击"打开"按钮

113　视频片头的制作

如果视频的主题明确，那么用户最好制作一个能够点明主题的片头。另外，由于视频中会添加数字人素材，用户可以在片头介绍一下数字人的身份，例如姓名。当然，这里的姓名一般写用户的账号名称，这样也能加深受众的印象。下面介绍制作视频片头的操作方法。

扫码看教学视频

步骤 01　在首页单击"开始创作"按钮，进入视频编辑界面，在"媒体"功能区的"本地"选项卡中，单击"导入"按钮，在弹出的"请选择媒体资源"对话框中，选择片头图片，单击"打开"按钮，如图12-8所示，将其导入"本地"选项卡。

步骤 02 单击片头图片右下角的"添加到轨道"按钮➕，将其添加到视频轨道中，切换至"动画"操作区，选择"渐显"入场动画，如图12-9所示，制作出渐渐显示画面的片头效果。

图 12-8　单击"打开"按钮

图 12-9　选择"渐显"动画

步骤 03 切换至"文本"功能区，在"文字模板"|"好物种草"选项卡中，单击相应文字模板右下角的"添加到轨道"按钮➕，如图12-10所示，添加一段片头字幕。

步骤 04 在"文本"操作区的"基础"选项卡中，修改两段文本的内容，依次单击每段文本右侧的"展开"按钮▇，在展开的文本编辑区中，为两段文本设置相同的字体，如图12-11所示。

图 12-10　单击"添加到轨道"按钮（1）

图 12-11　设置相同的字体

步骤 05 在"位置大小"选项区中，设置文字模板的"缩放"参数为90%，设置"位置"的X参数为0、Y参数为-393，调整文字模板的大小和位置。选择第1段文本，切换至"花字"选项卡，选择一个合适的花字样式，如图12-12所示，使文本更醒目。用同样的方法，为第2段文本添加相同的花字样式。

步骤 06 切换至"音频"功能区，在"音效素材"选项卡中搜索"出场"音效，在搜索结果中单击"闪亮登场音效"右下角的"添加到轨道"按钮 ➕ ，如图12-13所示，即可为片头字幕添加一个出场音效，调整片头图片的时长，使其结束位置与音效的结束位置对齐。

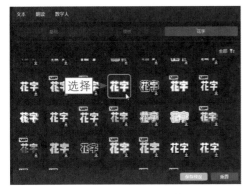

图 12-12　选择花字样式

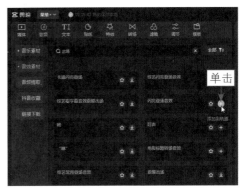

图 12-13　单击"添加到轨道"按钮（2）

步骤 07 切换至"调节"操作区，在"基础"选项卡中，设置"色温"参数为-15、"饱和度"参数为15、"锐化"参数为10、"清晰"参数为5，如图12-14所示，使画面偏冷色调，并提高画面的色彩浓度和清晰度。

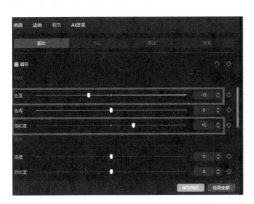

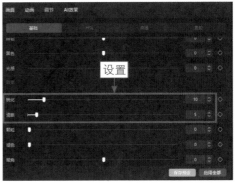

图 12-14　设置相应参数

114　数字人素材的生成

在剪映电脑版中，用户需要先添加一段文本，或者选择已有的文本，才会出现"数字人"操作区，进行数字人形象的选择。下面介绍生成数字人素材的操作方法。

扫码看教学视频

步骤 01 选择片头字幕，切换至"数字人"操作区，选择一个数字人形象，单击"添加数字人"按钮，如图12-15所示，即可生成一段数字人素材。

步骤02 切换至"文案"操作区，删除片头文案，输入之前生成的文案，单击"确认"按钮，如图12-16所示，即可以文案为驱动，生成需要的数字人素材。

图 12-15　单击"添加数字人"按钮　　　　图 12-16　单击"确认"按钮

步骤03 在画中画轨道中调整数字人素材的位置，使其起始位置对准片头图片的结束位置。切换至"画面"操作区，设置"位置"的X参数为-1313、Y参数为0，如图12-17所示，使数字人位于画面的左侧。

步骤04 为了让受众可以更清晰地了解数字人口播的内容，用户还要添加对应的字幕，在"智能字幕"选项卡中，单击"文稿匹配"选项区中的"开始匹配"按钮，弹出"输入文稿"面板，粘贴文案，单击"开始匹配"按钮，如图12-18所示，即可将文案与视频中的音频进行匹配，并自动生成对应的字幕。

图 12-17　设置"位置"参数（1）　　　　图 12-18　单击"开始匹配"按钮

步骤 **05** 适当调整字幕的标点符号，任意选择一段字幕，在"文本"操作区中，更改文字字体，设置"字号"参数为7，在"预设样式"选项区中选择一个样式，在"位置大小"选项区中设置"位置"的*X*参数为647、*Y*参数为-796，如图12-19所示，增加字幕的美观度，并调整字幕的位置。

图 12-19　设置"位置"参数（2）

115　背景图片的添加

用户生成的数字人素材背景默认是透明的，当其他轨道的相同位置上没有任何素材时，数字人素材的背景会显示为黑色。为了让画面更美观，用户可以为数字人素材添加一个背景。下面介绍添加背景图片的操作方法。

步骤 **01** 拖曳时间轴至片头的结束位置，将背景图片添加到"本地"选项卡中，单击右下角的"添加到轨道"按钮 ⊕，如图 12-20 所示，将其添加到视频轨道中。

步骤 **02** 调整背景图片的时长，使其比数字人素材的时长更长，以便后续制作片尾，如图12-21所示。

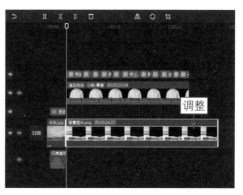

图 12-20　单击"添加到轨道"按钮　　　图 12-21　调整背景图片的时长

116 展示素材的调整

扫码看教学视频

为了让展示素材能够与数字人素材同时显示，用户需要调整展示素材在轨道中的位置和时长，以及在画面中的位置与大小。下面介绍调整展示素材的操作方法。

步骤01 将展示素材导入"本地"选项卡中，并将其拖曳至另一条画中画轨道，如图12-22所示。

步骤02 拖曳时间轴至00:04的位置，单击"向左裁剪"按钮，如图12-23所示，删除不需要的片段。

图 12-22 将展示素材拖曳至画中画轨道

图 12-23 单击"向左裁剪"按钮

步骤03 调整展示素材的位置，使其起始位置与数字人素材的起始位置对齐，并调整展示素材的时长，使其结束位置与背景图片的结束位置对齐，如图12-24所示。

步骤04 在画中画轨道的起始位置，单击"关闭原声"按钮，如图12-25所示，将展示素材静音。

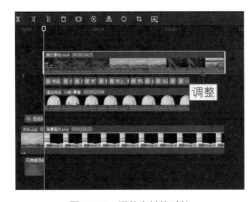
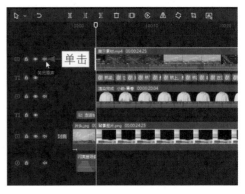

图 12-24 调整素材的时长

图 12-25 单击"关闭原声"按钮

步骤 05 在"画面"操作区中，设置"缩放"参数为67%、"位置"的X参数为636、Y参数为270，如图12-26所示，调整展示素材的位置和大小，使其位于背景图片中黑色显示器的位置，制作出视频播放的效果。

步骤 06 切换至"蒙版"选项卡，选择"矩形"蒙版，设置"大小"的"长"参数为1881、"宽"参数为1083，如图12-27所示，使展示素材的尺寸与黑色显示器的大小更适配。

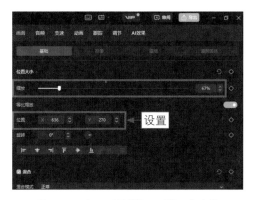

图 12-26　设置"缩放"和"位置"参数

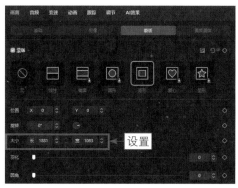

图 12-27　设置"大小"参数

★ 专 家 提 醒 ★

用户也可以在视频编辑界面中制作展示素材，优点是可以在一个界面内完成所有操作；缺点是这样制作的展示素材，在轨道中显示的是一个模板，用户无法进行设置画面参数和添加蒙版的操作，只能简单地手动调整模板的画面大小和位置。

步骤 07 在"播放器"面板中，用户可以查看调整展示素材后的效果，如图12-28所示。

图 12-28　查看调整展示素材后的效果

117 视频片尾的制作

扫码看教学视频

在视频的末尾，用户可以对观看视频的受众表示感谢，并添加一个闭幕特效，让画面变为全黑，这样既能提醒受众视频已经结束，又能为受众留下回味的时间。下面介绍制作视频片尾的操作方法。

步骤 01 拖曳时间轴至数字人素材的结束位置，切换至"文字模板"|"片尾谢幕"选项卡，单击相应文字模板右下角的"添加到轨道"按钮➕，如图12-29所示，添加一个片尾字幕。

步骤 02 在"文本"操作区中，修改字幕的内容，如图12-30所示。

图 12-29　单击"添加到轨道"按钮（1）　　　图 12-30　修改字幕内容

步骤 03 切换至"花字"选项卡，选择一个花字样式，如图12-31所示，让片尾字幕更醒目。

步骤 04 调整片尾字幕所在的轨道，如图12-32所示，使片尾字幕所在的轨道在展示素材所在的画中画轨道的上方，使字幕不被展示素材挡住。

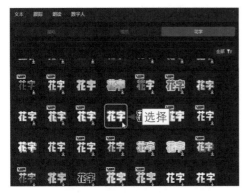
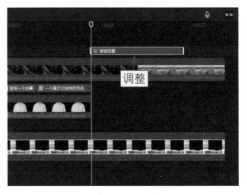

图 12-31　选择一个花字样式　　　　　图 12-32　调整片尾字幕所在的轨道

★ 专 家 提 醒 ★

这里调整片尾字幕所在的轨道位置，是为了调整片尾字幕和展示素材的层级顺序。一般来说，下层轨道中的内容会被上层轨道中的内容遮住，如果想让下层轨道中的内容完整地显示出来，就需要将下层轨道中的内容调整到最上层的轨道中。

步骤05 拖曳时间轴至25:27的位置，切换至"特效"功能区，在"画面特效"|"基础"选项卡中，单击"全剧终"特效右下角的"添加到轨道"按钮 ➕ ，如图12-33所示，添加一个闭幕特效。

步骤06 调整"全剧终"特效的时长，使其结束位置与视频的结束位置保持一致，如图12-34所示。

图 12-33　单击"添加到轨道"按钮（2）

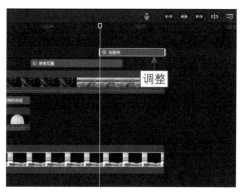

图 12-34　调整特效的时长

118　纯音乐的添加和编辑

扫码看教学视频

由于视频中有数字人的音频，因此在选择背景音乐时，最好选择一首纯音乐，并适当对音乐的音量进行编辑。下面介绍添加和编辑纯音乐的操作方法。

步骤01 拖曳时间轴至片头的结束位置，切换至"音频"功能区，在"音乐素材"选项卡中搜索"星空钢琴曲"纯音乐，在搜索结果中单击相应音乐右下角的"添加到轨道"按钮➕，如图12-35所示，为视频添加一段纯音乐。

步骤02 拖曳时间轴至00:15的位置，单击"向左裁剪"按钮，如图12-36所示，删除不需要的音乐片段。

步骤03 调整纯音乐的位置，使其起始位置与背景图片的起始位置对齐，如图12-37所示。

步骤04 拖曳时间轴至视频的结束位置，单击"向右裁剪"按钮，调整纯音乐的时长，使其与视频时长保持一致，如图12-38所示。

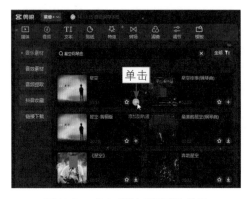

图 12-35　单击"添加到轨道"按钮

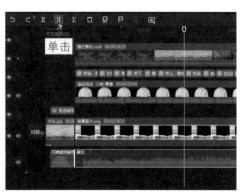

图 12-36　单击"向左裁剪"按钮

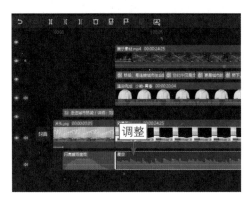

图 12-37　调整纯音乐的位置

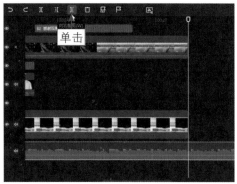

图 12-38　单击"向右裁剪"按钮

步骤 05　在"基础"操作区中，设置"音量"参数为-20.0dB，如图12-39所示，降低纯音乐的音量。

步骤 06　拖曳时间轴至数字人素材的结束位置，单击"音量"右侧的"添加关键帧"按钮◆，如图12-40所示，在该位置添加第1个关键帧，使该关键帧左侧的音频音量始终保持为-20.0dB不变，让纯音乐不会干扰数字人的音频。

步骤 07　拖曳时间轴至视频的结束位置，在"基础"操作区中，设置"音量"参数为0.0dB，如图12-41所示，即可恢复纯音乐的音量，"添加关键帧"按钮◆会自动被点亮◆，添加第2个关键帧。

步骤 08　在"基础"操作区中，设置"淡出时长"参数为1.0s，如图12-42所示，让背景音乐随着画面变黑而渐渐消失。

图 12-39　设置"音量"参数（1）

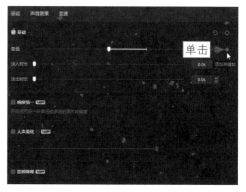

图 12-40　单击"添加关键帧"按钮

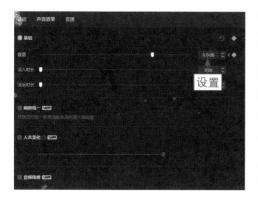

图 12-41　设置"音量"参数（2）

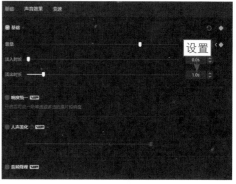

图 12-42　设置"淡出时长"参数

★ 专 家 提 醒 ★

　　如果用户想获得更好的视频听感，还可以为数字人素材换一种音色，或者对数字人素材进行变声处理。

119　视频封面的设置

扫码看教学视频

　　在剪映电脑版中，完成视频的制作后，用户还可以对视频的封面进行设置。下面介绍设置视频封面的操作方法。

步骤01 在视频轨道的起始位置，单击"封面"按钮，如图12-43所示。

步骤02 弹出"封面选择"面板，在"视频帧"选项卡中拖曳时间轴，选取一帧合适的画面作为封面，单击"去编辑"按钮，如图12-44所示。

步骤03 弹出"封面设计"面板，单击"完成设置"按钮，如图12-45所示，即可为视频设置一个美观的封面。

★ 专 家 提 醒 ★

设置好封面后，视频轨道起始位置的"封面"按钮将变成封面的缩略图，如果用户想对封面进行编辑，直接单击缩略图即可。

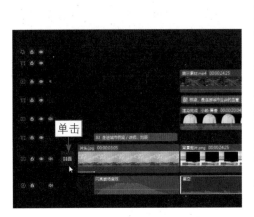

图 12-43　单击"封面"按钮

图 12-44　单击"去编辑"按钮

图 12-45　单击"完成设置"按钮

★ 专 家 提 醒 ★

设置好封面后，用户在导出视频时，会同时导出视频和封面图片，并自动创建一个文件夹，用户可以将封面图片留作备用，也可以直接删除。